轻松有趣的
视觉笔记术

[日]樱田润（Jun Sakurada） 著
未蓝文化 译

中国青年出版社

目录

引言

第一部分　准备篇 ……………… 1

1.1　视觉笔记是什么 ………………… 2
关于视觉笔记 ………………………… 2
信息图形、图形记录和视觉笔记
的关系 ………………………………… 3
　　信息图形 ………………………… 3
　　图形记录 ………………………… 4
　　视觉笔记 ………………………… 5
专栏　信息图形和图形记录相遇的地方：
　　　　从"传达"到"感受" ……… 6

1.2　对视觉笔记的期望和
　　　它的魅力 ………………………… 8
对视觉笔记的期望 …………………… 8
　　期望1　养成思考的习惯 ………… 8
　　期望2　反思自我的机会 ………… 9
　　期望3　内心的专注与安宁 ……… 9
　　期望4　确立自我 ……………… 10
　　期望5　人格的表现 …………… 11
　　期望6　创意的抽屉·素材簿 … 11
　　期望7　信息图形/图形记录的训练 … 12
视觉笔记的魅力是什么 ……………… 12
　　魅力1　多样的元素 …………… 13
　　魅力2　多样的工具 …………… 13
　　魅力3　多样的风格 …………… 14
　　魅力4　多样的内容 …………… 14
注意3个"I" …………………………… 15
　　灵感（Inspiration） …………… 15
　　领悟（Insight） ………………… 16

创意（Idea） …………………… 16
3个"I"是连续的过程 ……………… 17

总结 …………………………………… 18

第二部分　基础篇 ……………… 21

2.1　你要画什么 …………………… 22
自己用和传达信息用 ……………… 22
专栏　用于信息图形的制作 ……… 24
专栏　用于幻灯片的制作 ………… 26

2.2　了解视觉笔记的结构 ……… 28
视觉笔记的基本结构 ………………… 28
　　经典版式1　放射型 …………… 32
　　经典版式2　时间轴型 ………… 33
　　经典版式3　块型 ……………… 34
　　注意视线的流动 ………………… 35

2.3　主要构件的绘制方法 ……… 36
插图 …………………………………… 36
　　人物插图 ………………………… 36
　　人物之外的插图 ………………… 41
　　感情和概念的表现 ……………… 42
　　绘制插图的心态 ………………… 44
文本 …………………………………… 45
　　标题 ……………………………… 45
　　装饰性文字 ……………………… 46
图形 …………………………………… 47
　　对白框 …………………………… 47
　　箭头 ……………………………… 47

边框		48
说明		48

共同部分 ·· 49
 签名 ·· 49
 来源 ·· 49

2.4 试着画一下吧 ························· 50
 步骤1 选择题材 ························· 52
 步骤2 收集信息 ························· 52
 步骤3 精简内容 ························· 52
 步骤4 选择画布 ························· 53
 步骤5 绘制草稿 ························· 53
 步骤6 誊写草稿 ························· 56
 分享 ·· 57
 社区成员的偏爱地图 ··················· 58

总结 ·· 66
 专栏 视觉笔记的发展 ················· 68

第三部分 实践篇 ·········· 71

3.1 视觉笔记的工具 ···················· 72
 手绘工具 ······································ 72
 数字工具 ······································ 78

3.2 提高视觉笔记水平的诀窍 ·· 80
 要点1 颜色 ································· 81
 要点2 构图 ································· 81

 要点3 风格 ································· 82
 契机1 意识到是否能留下印象 ······ 83
 契机2 意识到是否想要加入作品集 ··· 83

 实例 安迪·沃霍尔的先见之明 ······ 84
 步骤1 选择题材 ························· 84
 步骤2 收集信息 ························· 84
 步骤3 精简内容 ························· 87
 步骤4 选择画布 ························· 88
 步骤5 绘制草稿 ························· 88
 步骤6 誊写草稿 ························· 89

 实例 杰克·多西的履历 ················ 91
 步骤1 选择题材 ························· 91
 步骤2 收集信息 ························· 91
 步骤3 精简内容 ························· 92
 步骤4 选择画布 ························· 93
 步骤5 绘制草稿 ························· 93
 步骤6 誊写草稿 ························· 95

 实例 电影《社交网络》··············· 97
 步骤1 选择题材 ························· 97
 步骤2 收集信息 ························· 97
 步骤3 精简内容 ························· 98
 步骤4 选择画布 ························· 99
 步骤5 绘制草稿 ························· 99
 步骤6 誊写草稿 ························· 100
 分享视觉笔记 ······························ 101

总结 ·· 103
 专栏 你想和什么样的人进行合作？··· 104

后记 ·· 106

引言

有温度的信息

　　聊天工具和社交网站总在不断地向我推送通知，我好像随时都被信息追赶着，无法得到安宁。明明已经有了一辈子也看不完的书和电影，但是信息还是像大山一样越堆越高，感觉随时可能发生雪崩，将我淹没。即使进行过分类和梳理，它们也会很快变得乱七八糟，我因此感到焦躁。我总是不安地感觉到"是不是看漏了什么重要的事情"，这让我痛苦不堪。

　　谷歌公司提出了"整理世界各地的信息，以使其易于访问"的计划，尽管计划看起来很成功，但信息所带来的压力不仅没有解决，反而还有所增大。

　　我想冷静下来思考问题。我想好好地面对每一个信息。就像是反文化咖啡成为第三波咖啡浪潮的引领者一样，我也想寻求那样的信息处理方法，去品味信息，而不仅仅是消费它们。

　　我很期望视觉笔记能够成为信息界的第三波浪潮。虽然一个一个地进行手绘很麻烦，看的人阅读特色强烈的手写字时也可能会很吃力，但这是会让人感到温暖和安心的存在。也许这样处理信息效率很低，但只要能让有温度的信息增加就好了——我这样期望着。

走向扁平化世界

社会变得宽容了吗?

"承认多样性""多样性很重要",我经常会听到这样的声音。但是要说社会现在真的已经变成了那样宽容的社会,我觉得也并非如此,社会的分化不是正在加剧吗?

可以说,一个"承认"多样性的社会会试图将不同的群体和个人放在同一个维度上,基数不同的少数人也好,多数人也好,都被放在同一个擂台上,这当然会产生困惑和混乱。

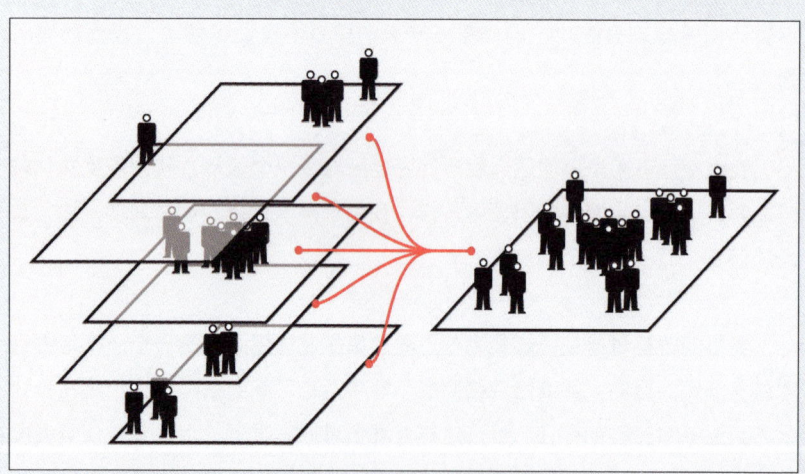

无法理解的存在

虽然说的是同样的语言，却无法理解对方的意思。我们的观念、主张和价值观不同，就会发生这样的情况。

"说不通""说不明白"的焦躁感增加，数量多的群体在一定程度上会遮盖数量少的群体声音。在沟通不畅的情况下，大家不能互相理解。

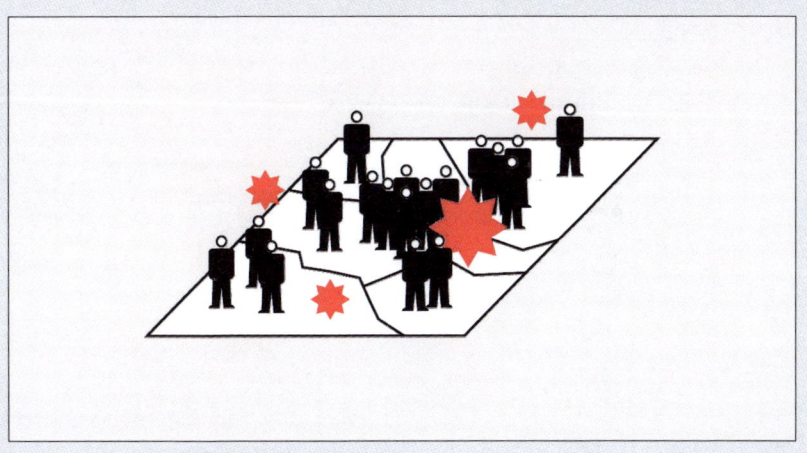

如果仅仅靠语言来维系世界很难，那么就需要使用其他的沟通手段来加强这种维系。我认为视觉笔记就是能发挥这种作用的工具之一。

面的交流

　　例如，图画文字能传达的是单词、短句和情感。传达统一的概念，就要通过信息图形。

　　当你理解文章或故事的时候，你会从第一个单词开始按顺序处理信息。因此，只要有一点儿被卡住的地方，信息就无法进入大脑。与之相对，视觉效果是用眼睛来整体捕捉并处理信息的，它所传达的信息有着与文本不同的交流方式。

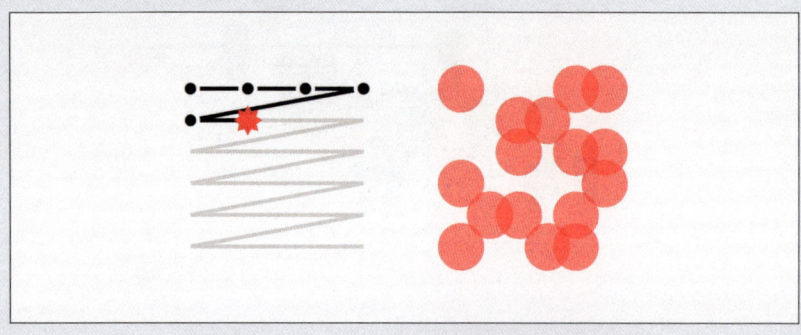

　　如果说文字的交流方式是将点用线连接起来，那么视觉效果就是面上的交流。

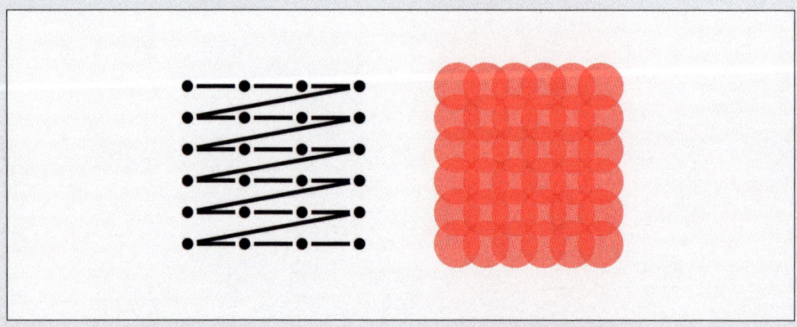

让世界变得扁平化

通过面的交流,让理解产生重叠,原本没有联系的团体,也许可以通过中间的其他团体产生联系。看起来思想完全不同的人,可能也会有想法重叠的地方。

我认为即使各自不完全同意对方的思想和价值观,也能够通过某些人慢慢地产生关联,这一点很重要。

社交网络确实能将人们联系在一起。但是,在将人们各自的思想、价值观和文化等联系起来的这方面,它还没能充分地发挥作用。骗子和误会导致世界的分裂。

如果能有更多人通过面(视觉)的方式表达自己的思想和价值观的话,世界一定会比现在更加扁平化吧。"用视觉的力量将世界变得扁平",这就是我的愿景。

信息表达的民主化

2013年,我出版了《有趣的信息图形入门》一书,并于次年开始正式作为信息图形的编者进行社会活动。

那个时候,社会正在寻求着信息图形。世界上的信息泛滥成灾,内容复杂且难以理解。在一个不可逆转的超信息化社会中,能够简单易懂地传达信息的信息图形作为解决问题的最佳方法之一而备受期待。

对信息图形感兴趣的人因此增加了。但是,这只是小范围的普及。不管是制作还是利用,都只是一小部分人在进行,这样下去是无法接近我理想中的目标世界的。我们需要一种能够让更多的人参与进来的表达方式,用可视化的方式传达我们的想法和感受——这就是视觉笔记。

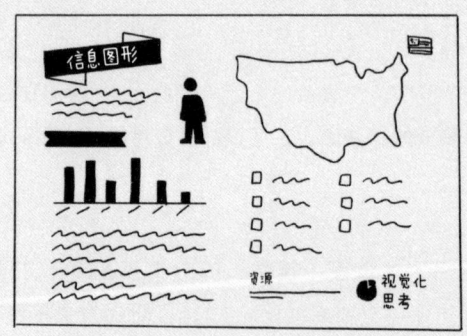

虽然做过视觉传达设计的人不多，但很少有人在课堂上没做过笔记。使用视觉笔记，你可以不必共享制作完善的图形，而是将手绘的笔记拍照并共享，或者使用平板电脑中的应用程序绘画并共享。

社交网络将信息的发布变得民主化了，但另一方面，信息表达也仍然被工具束缚着。任何人都可以通过手绘轻松参与视觉表达的视觉笔记，可以说就是一种能够将信息表达民主化的东西。

本书的构成

为了让你对视觉笔记有一个基本印象，我将为你展示几个范例。之后的正文内容将由"准备篇""基础篇""实践篇"三个部分构成。在"准备篇"中，你会学习什么是视觉笔记。接下来在"基础篇"中，你将学习如何运用视觉笔记，并了解绘制视觉笔记的诀窍。在最后的"实践篇"中，我们将使用事例具体地解说绘制视觉笔记的流程。

在这本书中，我们主要学习的是三种能力。首先是"观察能力"，这种能力可以帮助我们从各种信息的输入中确定真正重要的东西。其次是"思考能力"，这种能力可以帮助我们消化输入头脑的信息，并转变为我们自己的血肉。最后是"表现能力"，这种能力可以帮助我们输出信息。

面向人群

- 想要通过视觉化的方式总结信息
- 想要养成输入/输出信息的习惯
- 想要用视觉化的方式传达信息
- 想要通过输出确立自己的姿态
- 在信息图形和图形记录方面受到挫折

视觉笔记案例展示

在这里,我想给你们展示一些我到目前为止画过的视觉笔记。首先是在笔记本上手绘的视觉笔记,然后是本书解说的核心——用来传达信息的视觉笔记。

信息图形之"美"

"信息图形是指从视觉化角度运用图形对信息和知识进行重新构建进而展现信息、知识"美感"的一种表现形式。（当然，这也是信息图形的目的与功能）"

美图的基础要素

美图……①比较②多变量③明确化关系

非美图……垃圾图形

奈杰尔·福尔摩斯
1983年

信息 < 信息图形 < 艺术

艺术信息之间

内容从人工智能（AI）谈到魏石。内容结构相当完整。包含了体系性的信息视觉化流程伦理观、历史发展，还介绍了信息图形的原理原则。信息图形的定义以及近代信息图形的应用者。（还没有决定好）

2018.3.26

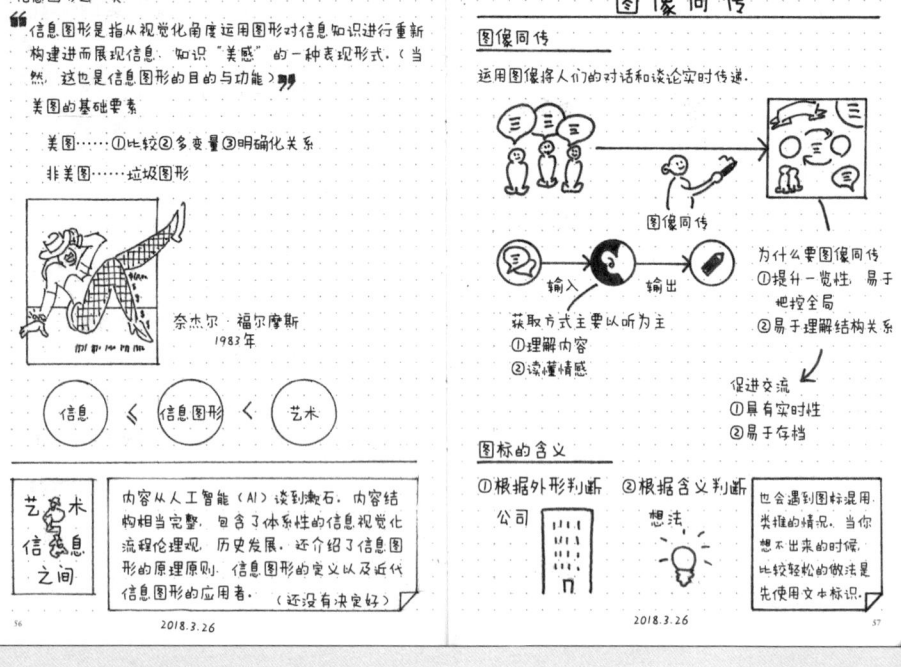

2018.3.26

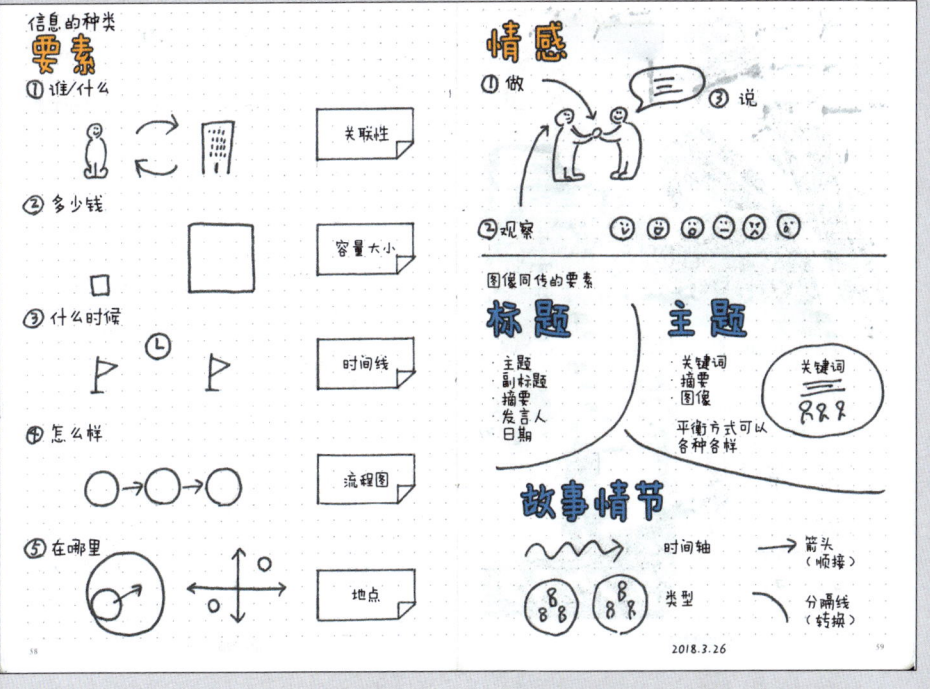

《XXXX》标志性
封面背后的故事
艺术家可以用墨水和水彩表达正在发生的事情，他们可以表达并参与文化对话，将艺术家置于文化的中心位置。
时代
对话
交流
艺术家
描述时代
风貌
处于文化的
中心位置
插图
传达艺术家的
情感思想等
完成作品
创作
读者
理解
《XXXX》杂志的艺术总监谈到艺术家的职责是把抽象性的东西寄托在包含某种象征意义的封面插画中，通过艺术作品的形式传达给读者。艺术（插画）具有一种能够将语言无法表达的复杂社会状况、情感具体化表达出来的力量。比如，艺术家能够将9.11时期的那种失落感、虚无感、焦虑以及愤怒等情绪具体化地表达出来。艺术家与时代对话交流，通过艺术作品将情感思想等传达给读者，读者再通过与艺术作品的对话交流，理解时代与社会面貌。这时，艺术家也就完成了其艺术作品的创作。艺术家处于文化的中心位置，是时代与读者之间的传播者，特别是在社会混乱时期，艺术作品发挥着很重要的作用。
2017.11.25
文化中心
2
大狗机器人
阿特拉斯
机器人
手柄
机器人
我喜欢制造
机器人。
三件让我们特别
感兴趣的事情。
波士顿动力公司创始人马克·雷伯特（Marc Raibert）曾说过，他的目标是研制出能够像人类、动物一样的机器人。为了做到这一点，必须提高以下三个关键领域的能力。
1. 机动性
2. 灵活性
3. 自主感知能力
SpotMini
只要给予SpotMini一个大概的指令，它便能够帮助我们进行状况判断
机器人不是只会根据计算机指示执行一系列操作的机器，实际上，机器人也受到现实世界中的动力、摩擦、碰撞之类的物理法则限制。要想研制出优秀的机器人，就必须要综合考虑软件与硬件设计，有了完美的设计才能研制出真正优秀的机器人。
软件
硬件
电脑
机器人
现实世界
行为
2017.11.26
3

同一性
多样性
多样性
多样性
多样性
同一性和多样性
同一性
多样性
两者均是通过他人产生的
通过人工智能（AI）自行分裂产生可以学习自身数据的伙伴，实现多样化
很多情况下，分裂后的众多同一性会逐渐形成多样性
出现阻碍上述分裂、动摇的行动
如何面对内外异质？
内外边界也将变得模糊不清
原理主义与反动主义（保守）加强
18
2017.12.20
1830
欧盟（EU）的一般数据保护条例（GDPR）也有类似这样的流程（一般数据保护条例：防止将个人数据携带到欧盟外）。欧盟是跨国型的联盟。从“跨国”这点来看保守派与革新派的行动是一致的。由于人工智能导致社会多样化的发展加速，当同一性连续动摇时，无论是保守派还是革新派，都不能再以此前的单位（比如国家、公司等）形式团结社会了。
2017.12.20
19

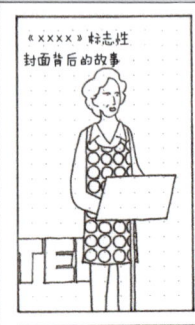

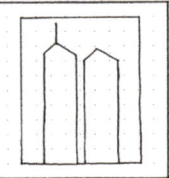

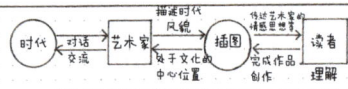

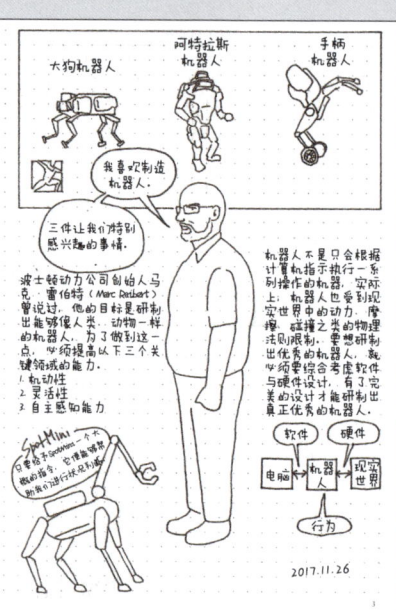

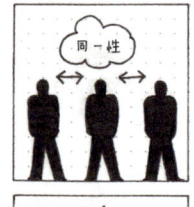

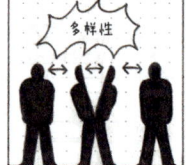

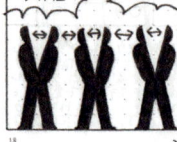

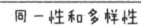

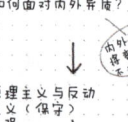

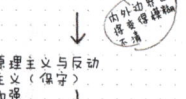

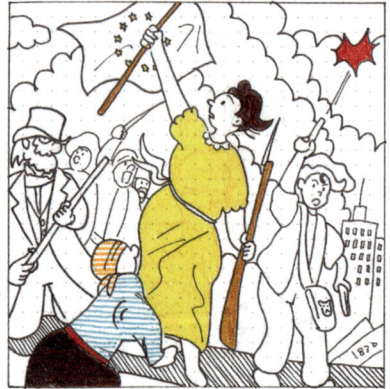

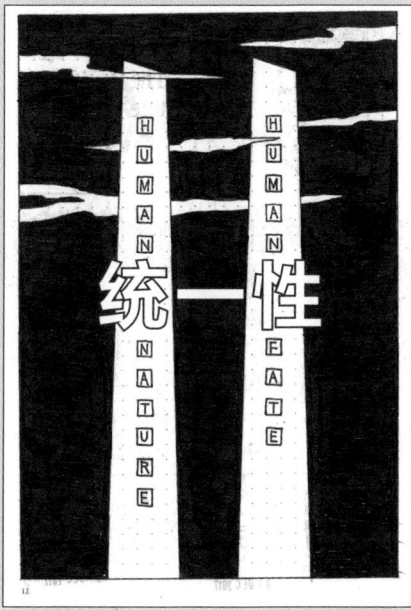

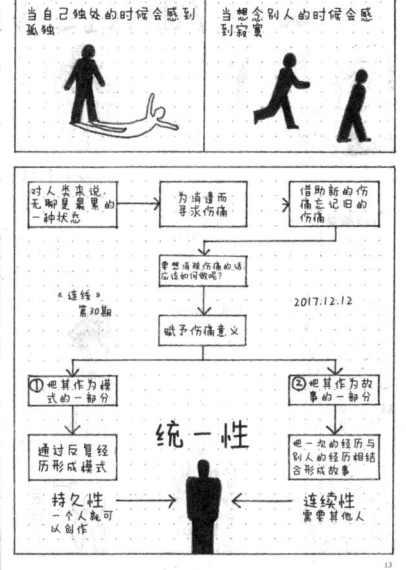

当自己独处的时候会感到孤独

当想念别人的时候会感到寂寞

对人来说，无聊是最黑的一种状态 → 为消遣而寻求伤痛 → 借助新的伤痛忘记旧的伤痛

2017.12.12

《连线》第30期

要想消除伤痛的话应该如何做呢？

赋予伤痛意义

① 把其作为模式的一部分 — 通过反复经历形成模式 — 持久性 一个人就可以创作

② 把其作为故事的一部分 — 把一次的经历与别人的经历相结合形成故事 — 连续性 需要其他人

统一性

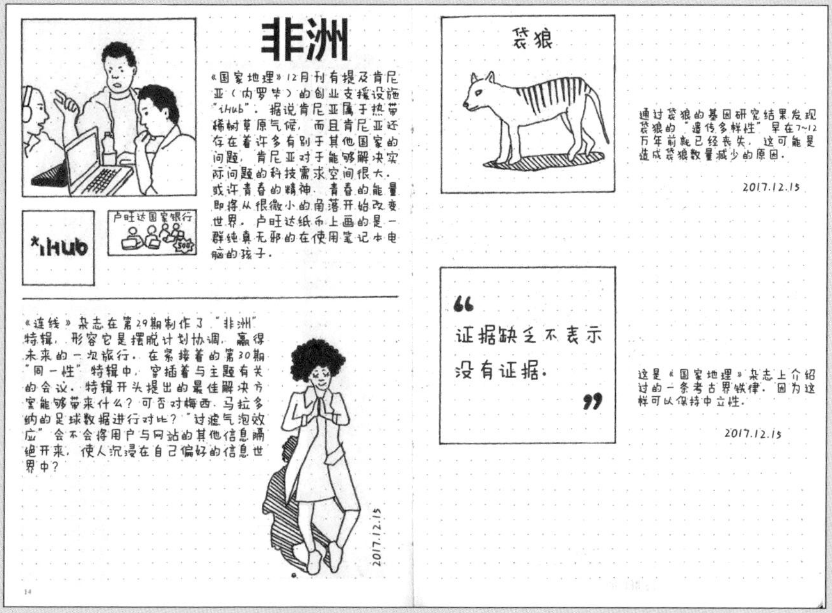

非洲

《国家地理》12月刊有提及肯尼亚（内罗毕）的创业支援设施"iHub"。据说肯尼亚属于热带稀树草原气候，而且肯尼亚还存在着许多有别于其他国家的实际问题的科技需求空间很大。或许青春的精神、青春的能量即将从很微小的角落开始改变世界。卢旺达纸币上画的是一群纯真无邪的在使用笔记本电脑的孩子。

《连线》杂志在第29期制作了"非洲"特辑，形容它是摆脱计划协调，赢得未来的一次旅行。在紧接着的第30期"同一性"特辑中，穿插着与主题有关的会议。特辑开头提出的最佳解决方案能够带来什么？可否对梅西·马拉多纳的足球数据进行对比？"过滤气泡效应"会不会将用户与网站的其他信息隔绝开来，使人沉浸在自己偏好的信息世界中。

2017.12.13

袋狼

通过袋狼的基因研究结果发现袋狼的"遗传多样性"早在7~12万年前就已经丧失。这可能是造成袋狼数量减少的原因。

2017.12.13

"证据缺乏不表示没有证据。"

这是《国家地理》杂志上介绍过的一条参考古罗马铁律。因为这样可以保持中立性。

2017.12.13

XIII

安迪·沃霍尔的先见之明

电影《社交网络》

XV

苹果公司的首席执行官蒂姆·库克

关于因为植物人造肉而成为话题的企业"别样肉客"(Beyond Meat)

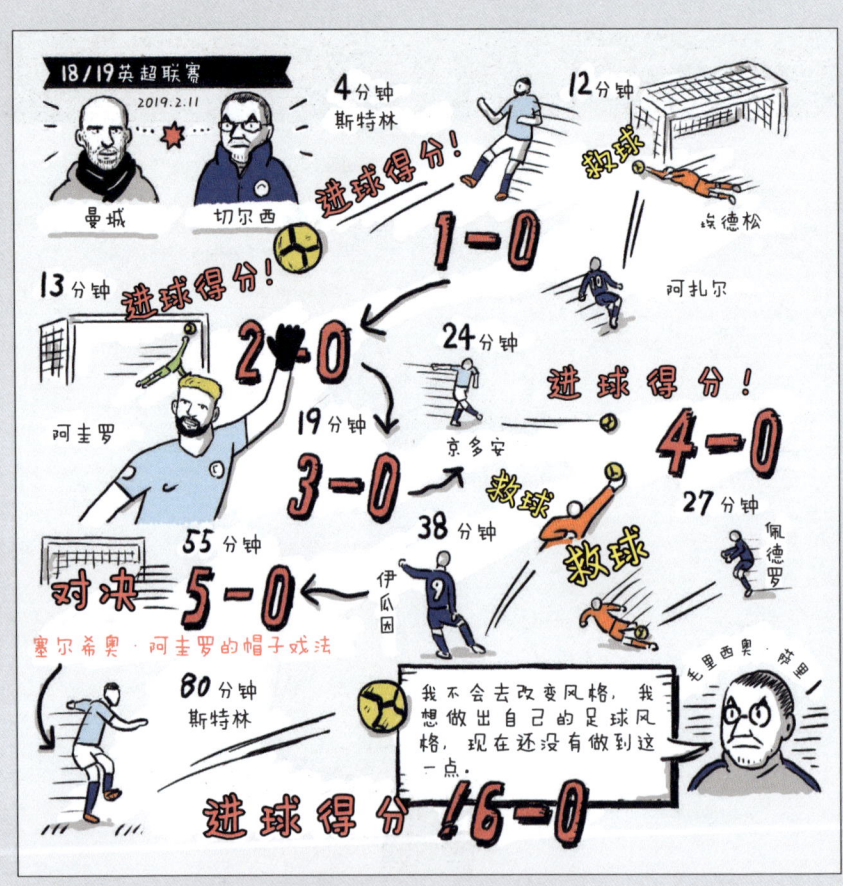

英超联赛"曼城对战切尔西"的精彩场面

XVIII

推特和Square的首席执行官杰克·多西

最喜欢的15本商业书

总结自己的"偏爱地图"

"美丽可以源自丑陋。在侘寂中,美丽和丑陋的界限非常模糊。侘寂之美是接受你认为丑陋的东西的条件。这是你和他人之间发生的动态事件。"

伦纳德·科伦
——摘自《侘寂》

第一部分

准备篇

视觉笔记是什么？
学习视觉笔记与其他表达方式的关系。

1.1

视觉笔记是什么

关于视觉笔记

视觉笔记是一种使用手绘的插图或文本对信息进行总结的笔记方法，不管是用纸笔还是用数字化的方式都可以。视觉笔记可以有更多插图，也可以有更多文字，有时候可以完全像素描本一样，有时候也可以像是本学习笔记，因此，我们说它是一种素描和笔记的结合体。

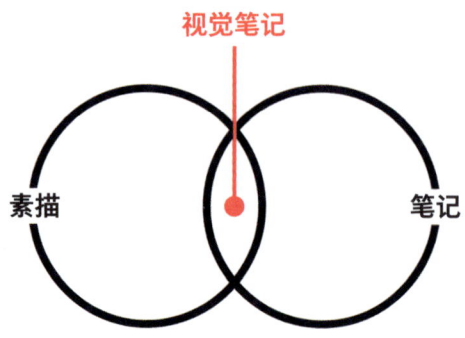

视觉笔记是素描本和笔记本的结合体

信息图形、图形记录和视觉笔记的关系

无论是信息图形、图形记录还是视觉笔记，在使用视觉效果总结信息的表现上都是一样的，大体都可以使用"视觉思维""视觉故事"或"视觉传达"之类的术语来概括，并根据具体的使用场景和使用目的来决定如何正确地使用。那么，每种方法各自具有怎样的特性呢？

信息图形

这是一种能够以易于理解的方式传达信息的表达方式，包括象形图和图解。一开始它被应用于交通指南、图鉴和报纸，用来说明和传达信息。2010年前后，它在网络方面的使用开始变得频繁起来，用于网络公共关系的情况大大增加了。信息图形明确了信息发布者和接收者的立场，主要用于与公众分享信息。

信息图形的优点
- 通过结构化信息和创建图形，更容易让人理解。
- 定量信息也更容易正确传达（图形记录或视觉笔记不适合图表的表达）。

信息图形的不足
- 制作很耗费时间。
- 对制作者限制较大。
- 为了表达得当，需要对信息的发布者和接收者的立场进行明确。

图形记录

　　图形记录是一种让我们能够将会议或活动中的内容实时地用可视化表达的方式总结出来，有助于对话和讨论的记录方法，因此，它通常会被画在参与者可以传阅的纸上。图形记录属于讨论的"场所"，主要用于向参加讨论的人共享信息。

图形记录的优点

- 可以当场分享信息，包括记录的过程。
- 能够客观地进行对话和讨论。
- 更容易体会到制作者的想法。

图形记录的不足

- 很难立即画出来。
- 难以在更大的媒介上展现。
- 由于是实时讨论，我们不能在结构化信息和创建图形上花费太多时间。

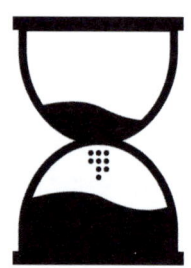

视觉笔记

视觉笔记是一种能够随时进行日常记录和学习总结的可视化表达方式，可以用来记录、思考和自我反思。为了能愉快地使用它来进行学习，我们需要尽可能地选择便于使用的工具绘画。虽然这只是供你自己使用的学习笔记，但也可以像信息图形一样将信息共享给他人。

视觉笔记的优点

- 既可以作为自己的学习笔记使用，也可以进行信息共享。
- 因为可以使用手绘来制作，难度要比信息图形更低。
- 手绘的方式更加友善。
- 既可以像制作信息图形一样在视觉笔记上花费更多时间，也可以像制作图形记录一样更侧重即时性。

视觉笔记的不足

- 因为形式较为灵活，难以确定具体的格式，因此结构性比信息图形和图形记录要弱。

信息图形、图形记录和视觉笔记的区别

	主要用途	公开范围	图形	特征
信息图形	说明和传达信息用于网络公共关系	（非特定）多数人群	精心制作	结构化，能够正确传达易懂/定量的信息
图形记录	灵活讨论	参加讨论的人	即时	向参与者开放制作过程
视觉笔记	学习使用和信息分享	灵活运用（范围从自己到非特定的多数人群）	灵活（实时制作）	友好度高

专栏

一 信息图形和图形记录相遇的地方：
从"传达"到"感受"

有一天，为了完成我还没有完成的信息图形，我将手绘的草稿放在了电脑里开始工作。用Adobe的软件精心制作画面的过程在平日里来说是令人心情高涨的幸福时光，那一天的我却越来越感到失落。随着画面越来越接近完成，重要的东西也损失得越来越多……我把视线从屏幕上移开，看着手边的草稿。然后我再次将视线投向屏幕，比较了这两者。我不禁想：

啊啊，搞砸了啊……

我觉得自己正在做的事是一个严重的错误，所以我删除了即将完成的图像文件。因为我从手绘的草稿中所感受到的"呼吸""自我风格""温度感""真实感"等，这在电脑制作出的画面里却完全感受不到。

就连身为创作者的我也无法因为这样的图像而动摇自己的感情，所以即使将图像制作出来，也一定会成为不会让任何人有所触动的东西。消耗时间去思考内容，做出毫无浪费的设计，几年来我一直以此为目标制作信息图形。我认为在以易于理解的方式传达信息的目标上，这样的方法是正确的，而且今后信息图形在信息社会中也会继续发挥一定作用。

但另一方面，我开始觉得"传达""传导"的概念已经过时了。"传达信息的一方"和"接收信息的一方"之间存在着巨大的差异，所以我开始思考是否能从"传达"信息转变为"感受"信息。

对图形记录的憧憬

那么，在什么样的情况下我能够"感受"到信息呢？其中一种是在活动会场或社交网络上看到图形记录的时候。在社交网络上发布的那些图形记录图像，如果你不去进行放大，往往就看不到内容。虽然无法一下子看清内容，但图像流经视线的一瞬间，我就能够从其中感觉到信息。没有"传达信息的一方"和"接收信息的一方"的差距，我感觉到绘画者和我是站在同一边的。

因为对这种距离感的憧憬，我曾经想过去做图形记录。于是我尝试着挑战了一下，结果却异常糟糕。我的手比我想象中还要僵硬，也绘制不出有意义的画面。虽然我在把信息以视觉化的方式呈现出来这点上多少有点自信，但还是被结果击溃了。

我发现图形记录主要有两个难点：一个是在公开场合实时地进行总结，另一个就是在纸上进行绘图（也有用平板电脑等数码工具绘制并投影在屏幕上的情况）。所以我认为，如果不是实时的，不是在纸张上的话，我可以画得出来。因此，我想到了"视觉笔记"的存在。

信息图形和图形记录相遇的地方

制作信息图形的时候，我常常会将草图绘制在笔记本上，而它同时也是一个可以输入汇总我的日常信息的地方。虽然我觉得图形记录很不错，但实际要做的话还是觉得"嗯嗯，有点……"。虽然会有这样的感觉，但如果不是实时的也可以，不是在纸上也可以，感觉就变成了我所熟悉的东西。

无论是实时性还是纸张，对于在公开场合使用的图形记录来说都是很重要的。但如果你只想为自己整理信息和想法的话，就没有必要拘泥于此。它也不像信息图形那样，只要稍微花点时间，就能让人被结构化的信息和插图所吸引。这是一种更随性的信息图形，也可以说是一种介于它和非实时的图形记录两者之间的表达方式。对我而言，这就是"视觉笔记"的定位。

7

1.2

对视觉笔记的期望和它的魅力

对视觉笔记的期望

期望1　养成思考的习惯

我们接收的信息量正在爆炸式增长，此外也有像社交网络这样简便地输出信息的地方。接收信息很简单，输出信息也很简单，那么如果不注意的话，就会很容易将没有经过思考的东西原封不动地流出来。因为既没有用自己的头脑去咀嚼内容，也没有创造出新的东西，所以即使能为信息的扩散做出贡献，也不能说那些信息已经消化成了自己的东西。

如果你想在视觉笔记上画点什么，就需要对输入的信息进行取舍，从中得到你自己的领会和想法，然后思考如何将它表达出来。从输入信息到输出信息的过程，有助于培养你腾出时间来思考的习惯。

停下来思考

期望2　反思自我的机会

与面向大多数人的实时描绘的图形记录不同，视觉笔记是较为私人的东西。对着笔记本和平板电脑进行创作，就像是在和另一个自己对话一样。如果说图形记录和信息图形的目标是向外传递信息的话，那么视觉笔记可以说是向内表达的方法。

图形记录属于公开场合，信息图形属于信息，而视觉笔记属于个人，所以它更容易包含自己的感受和想法，更适合自我反思或事后重新审视和回顾。

信息图形/图形记录　　视觉笔记

视觉笔记是对内自省的

期望3　内心的专注与安宁

和使用智能手机或电脑打字相比，手绘视觉笔记会因为身体行为而感到疲劳。这和慢跑很相似，一边画画，一边在脑海中反复思考，直到绘制结束，头脑才会被清空。为了提高注意力，并且让心情平静下来，我在寻找内心安宁的时候也会运用视觉笔记。

通过绘画获得内心的宁静

期望4　确立自我

世界瞬息万变，我们好不容易找到的答案也会很快过时，变得陈旧起来。在"人生一百年时代""乌卡时代""个性化时代"等词语纷沓而来的情况下，如何才能将内心的焦虑转变为希望？

只有在自己的内部树立起不受外部环境左右的轴心，将自我的个性作为身份明确地彰显在社会上，才能在不确定的世界里不受他人左右地生活下去。那么，我们如何才能确立自我的特质呢？如果将自己的兴趣、日常的思考和学习的内容都描绘在视觉笔记中，自然就能够明白自己想以什么为轴心生活下去。

进行绘画很麻烦。但如果跨越了重重障碍仍然有想画的东西的话，你就可以认为它和你想做的事情密切相关。这样一来，我们不仅可以强化自我核心，还可以通过反复地进行手绘、文字、插图等这些与众不同的表达方式，从整体上丰富和塑造自我的个性。

形成"个性"

期望5　人格的表现

和那些从来没见过面的人或者只见过一次面的人通过聊天软件和电子邮件进行交流的时候，如果能一边想象着对方的品性一边进行交流，就能够提升内心的安全感。视觉笔记能够从笔者所描绘的内容、文字和插图上感受到对方的品性，这样就能在通信中拉近发信者和接收者的心理距离。在进行交流的时候，内容的传达固然很重要，但是如果能知道对方的品性，交流也会变得更加顺利。

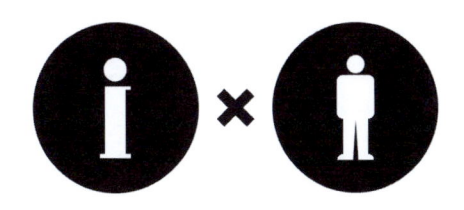

信息 × 人品

期望6　创意的抽屉·素材簿

伟大的发明家列奥纳多·达·芬奇和托马斯·阿尔瓦·爱迪生都留下了大量包含着插图和图解的笔记本。虽然我远远不及他们，但也会把观察到的东西和一些想法记录在笔记本里。有时你重新审视自己所记录的内容，会从其中发现一些已经遗忘了的好想法。视觉笔记也可以活用为一本素材簿。

重新发现创意

期望7　信息图形/图形记录的训练

视觉笔记与信息图形和图形记录有许多共同之处，也很适合用来进行这些方面的训练。如果你能从中意识到信息的结构化，那么这就成为信息图形的练习。如果你能从中了解到实时性，那么这就成为图形记录的练习。

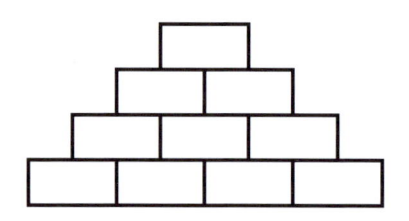

信息图形和图形记录的基础

视觉笔记的魅力是什么

视觉笔记的魅力就在于它描绘着有趣的东西，也让人看到了有趣的东西。这种有趣从何而来？那是因为视觉笔记是一种能够让人产生多样性感受的表达形式。

魅力1　多样的元素

视觉笔记可以使用任何你能在纸上描绘出来的表现形式，可以有手绘的插图，也可以有装饰性的文字，可以有图解或图画文字，也可以使用纸胶带或印章——各种表现元素的叠加就是它的魅力所在。

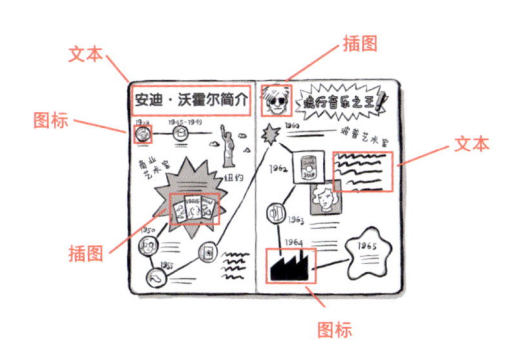

魅力2　多样的工具

视觉笔记可以通过手绘或数字的方式进行绘画。手绘的情况下，不管是什么纸张、什么笔记都可以，书写工具也可以选择适合自己的。如果是使用数字的形式绘画，也没有规定一定要使用什么应用程序，同样选择适合自己的就好。可以有很多种工具选择，而且易于开始，这就是视觉笔记的魅力所在。

魅力3　多样的风格

仅仅通过综合使用多种工具、叠加各种各样的元素，画面的各种风格就会被大大拓展。再加上创作者的个性，创作的风格将随着创作者的增加而增加。除非是有意模仿，否则就不可能手工绘制出相同的文字和图画。

你好，世界

你好，世界

你好，世界

你好，世界

魅力4　多样的内容

视觉笔记的内容也是多种多样的。你可以描绘自己所读的书，描绘你在自己参加的演讲活动中注意到的内容，或者描绘一部自己推荐的电影。即使选择了相同的主题，内容的呈现也会因人而异，切入点会体现创作者的个性。

注意3个"I"

我们在视觉笔记上所描绘的内容，就像之前所讲述的那样，是表达个人的思想，什么都可以成为所描绘的对象。但是，正因为这种自由，如果你什么都不去注意，最终得到的就会是一本涂鸦册子。因此，我在这里向大家介绍我在做笔记时会注意的3个"I"。

灵感（Inspiration）

从每天接收到的信息中找到自己所关注的内容，记录在笔记本上，这就是"灵感Inspiration"，例如谈话活动中出现的话题、工作中可能会有用的新闻、电影台词、看书的文摘等。打个比方，下面这个笔记就是在用插图和文字记录电影《至暗时刻》和《五角大楼文件》中令人印象深刻的台词。

领悟（Insight）

就像"灵感"一样，你不仅要记下自己所接收的内容，还要尝试着更深入思考这些内容，并添加"领悟"。例如，下面的笔记就是我根据《连线》杂志的特辑《数字时代的多样性：我的未来》，围绕着自我的身份和多样性进行思考的内容。

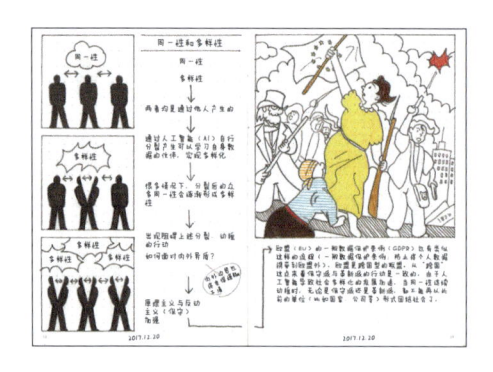

创意（Idea）

将自己的想法添加在"灵感"上的是"领悟"。当你进行思考的时候，有时候会灵光一闪地想到新的东西，就可以将它作为一个"创意"绘制在视觉笔记中。打个比方，如果我要做一个原创的笔记本，右图就记录了我的想法，告诉我应该怎么做。

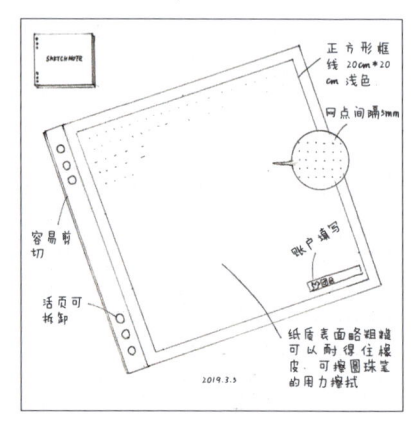

16

3个"I"是连续的过程

灵感
（Inspiration）

领悟
（Insight）

（创意）
Idea

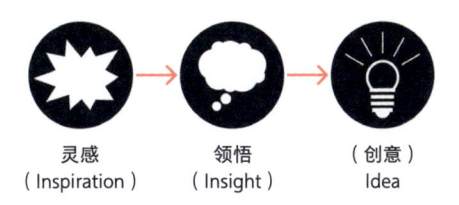

在总结灵感的过程中产生了领悟，在领悟的过程中产生了想法，所以3个"I"是连续的过程。因此，沿着这种流程，你可能会将三者混合在一起放在笔记中而不是单独分开。

你在视觉笔记中描绘的对象可以是你参加活动的报告，也可以是电影评论或者其他什么，这都不重要。重要的是你要如何处理这些需要整理的材料。

是要将灵感总结成笔记，还是在笔记中加入领悟，抑或是升华为创意呢？注意3个"I"吧。

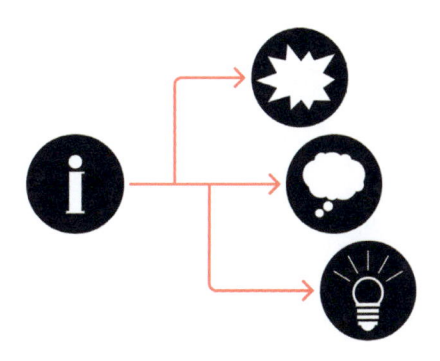

总结

视觉笔记是什么

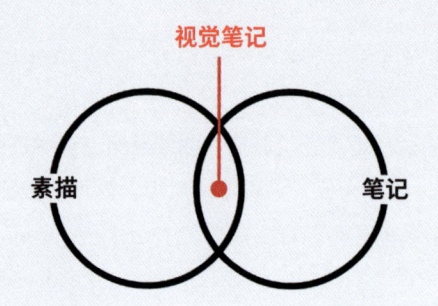

素描 —— 视觉笔记 —— 笔记

这是一种使用手绘的插图或文本和信息进行总结的笔记方法。你可以将它想象成一种素描和笔记的结合体。

视觉笔记与信息图形或图形记录之间的关系

	主要用途	公开范围	图形	特征
信息图形	说明和传达信息用于网络公共关系	（非特定）多数人群	精心制作	结构化，能够正确传达易懂/定量的信息
图形记录	灵活讨论	参加讨论的人	即时	向参与者开放制作过程
视觉笔记	学习使用和信息分享	灵活运用（范围从自己到非特定的多数人群）	灵活（实时制作）	友好度高

视觉笔记的期望

（1）养成思考的习惯

（2）反思自我的机会

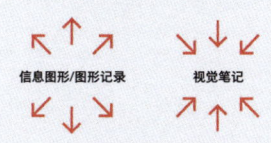

信息图形/图形记录　　视觉笔记

（3）内心的专注与安宁

（4）确立自我

（5）人格的表现

（6）创意的抽屉·素材簿

（7）信息图形/图形记录的训练

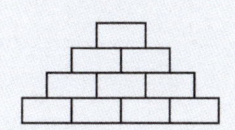

注意3个"I"

当你绘制视觉笔记时，你应该知道自己要描绘的内容是3个"I"中的哪一个。

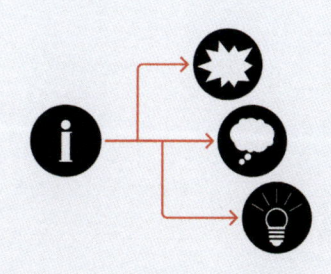

第二部分

基础篇

学习如何使用视觉笔记。
练习绘画技巧。

2.1

你要画什么

在视觉笔记中描绘你在乎的事情、你感兴趣的东西、你学到的内容、你所研究的事情以及你想传达给他人的信息。例如可以是我们列举的以下内容：

读书笔记、电影日记、活动备忘录、动画或声音的视听笔记、食评记录、旅行报告、体育观赛报告、时尚备忘录、新闻简报、研究备忘录……

自己用和传达信息用

视觉笔记的绘画要么是为自己画的，要么是为了传达信息而画的。在开始绘制之前，让我们先想象一下它们之间的区别。

自用的视觉笔记

自用的视觉笔记是为了记录、备忘和思考而绘制的视觉笔记，只要自己能够理解其中的内容就可以了。因此，不需要拘泥于信息的整理、布局和文字易读性等问题，重点是绘制的速度。

传达信息用的视觉笔记

传达信息用的视觉笔记将视觉笔记本作为信息共享的工具，例如信息图形。虽然也可以直接分享自己所画的东西，但这里要更注意内容和布局，以提高信息输出的完整性。

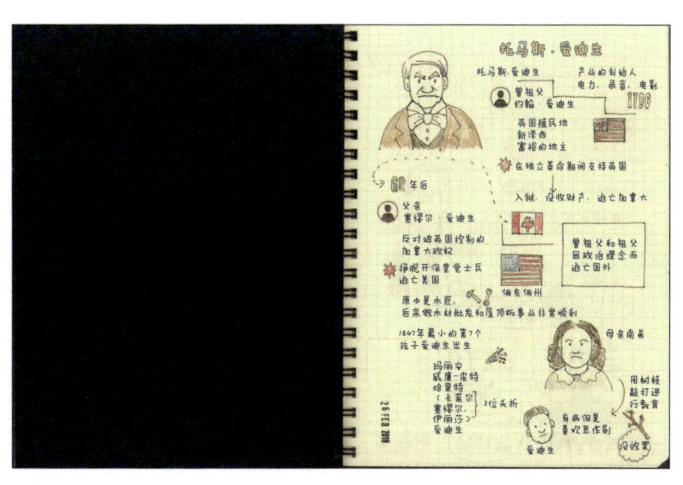

例　读书笔记

因为对托马斯·爱迪生很感兴趣，所以我读了《爱迪生——开启电时代的帷幕》，然后我想谈谈他的家人。

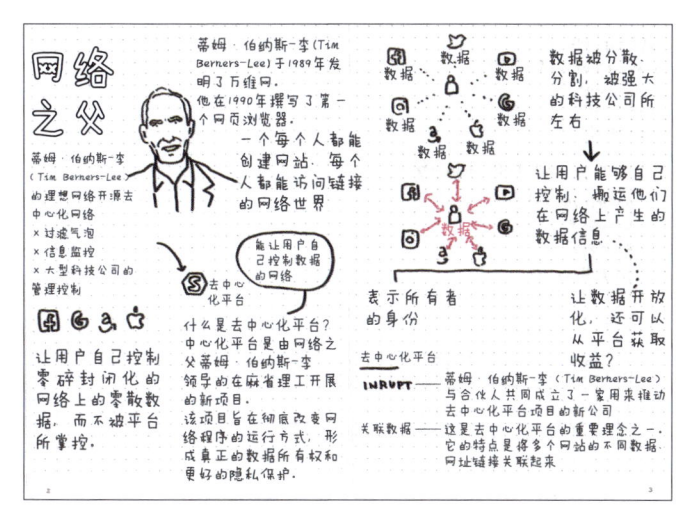

例　研究备忘录

蒂姆·伯纳斯-李发明了万维网，被称为"网络之父"。我对"去中心化平台"很感兴趣，所以我画了它。

专栏

一　用于信息图形的制作

视觉笔记也可以用来制作信息图形。例如，下面这个视觉笔记就是在制作色拉布（Snapchat）的信息图形时一边研究一边绘制的。

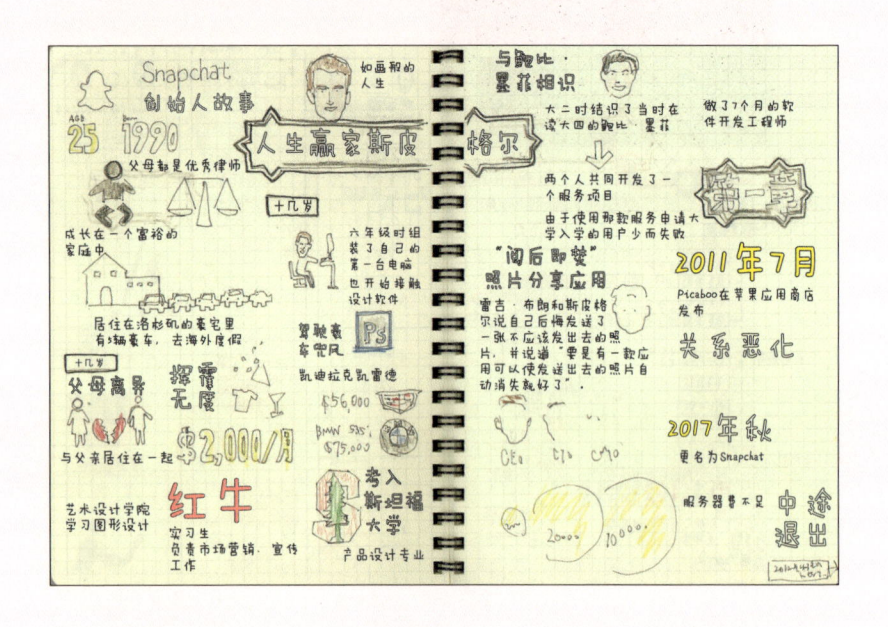

在信息图形制作的过程中使用视觉笔记的原因主要有两个：第一个是"理解"，第二个是"创造"。将接收到的信息在笔记本上描绘出来时会不断产生疑问，在探索那些问题的答案时，我们就能更好地加深对信息的了解。

此外，与将研究内容简单地整理成电子表格不同，添加插图会让研究本身成为一个令人愉快的过程。在研究的过程中，我们在视觉笔记上所描绘的视觉图像，往往就会成为设计信息图形时的主题创意。

25

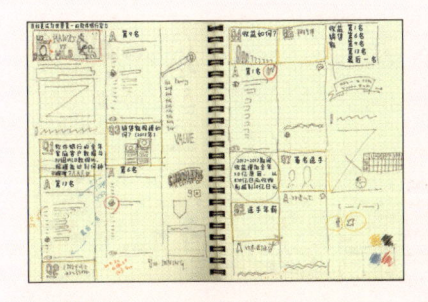

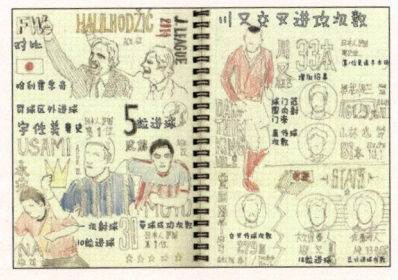

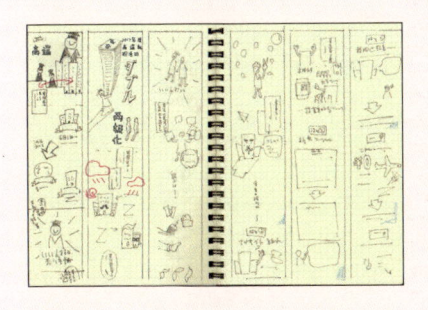

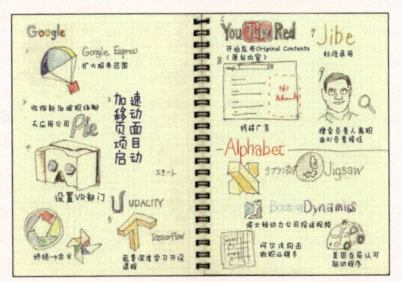

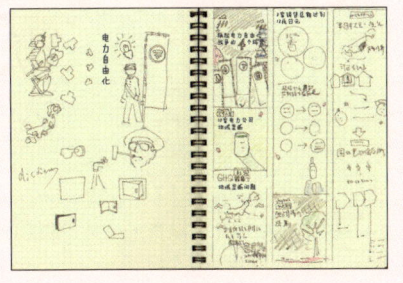

专栏

一　用于幻灯片的制作

在某些情况下，我们也会根据视觉笔记上总结的内容制作演示幻灯片。例如，下面的视觉笔记是以《这就是OKR》（*Measure What Matters*）一书中的内容为基础，描述了一种被称为OKR的目标管理方法。

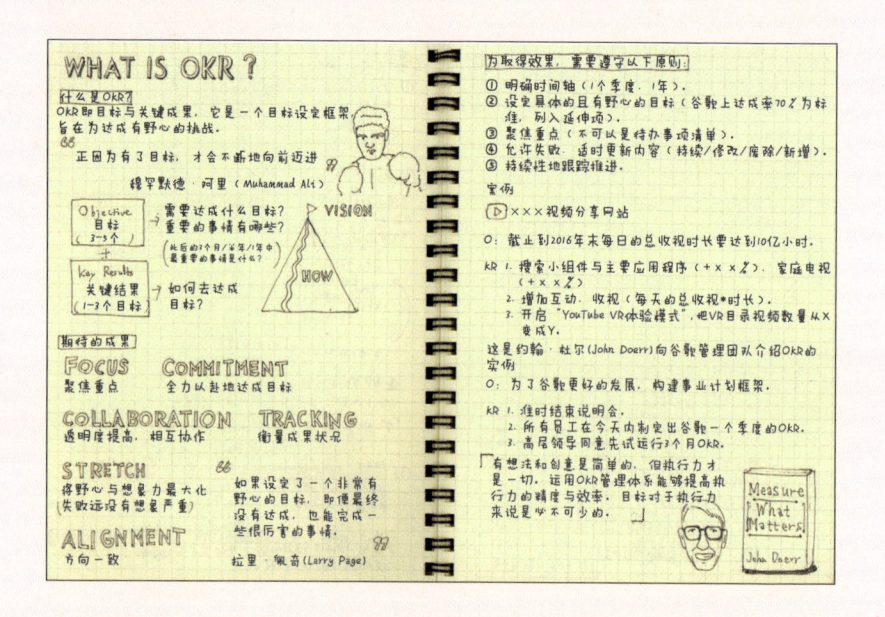

基于这个笔记，再添加上自己的想法，我制作出了关于OKR的幻灯片。

通过这种方式，视觉笔记就可以用作其他工作的材料了。

SLIDE NOTE
OKRのエッセンス
VISUAL THINKING

INDEX
1 OKRとは
2 OKRのサンプル
3 OKRのポイント
4 期待できる効果

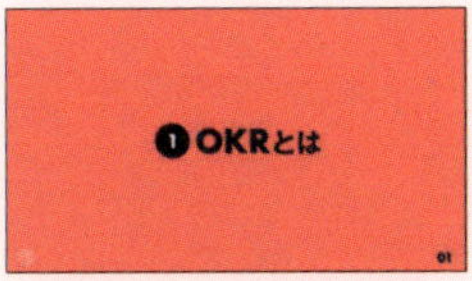
1 OKRとは
01

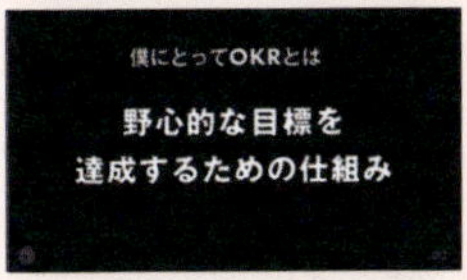
僕にとってOKRとは
野心的な目標を
達成するための仕組み

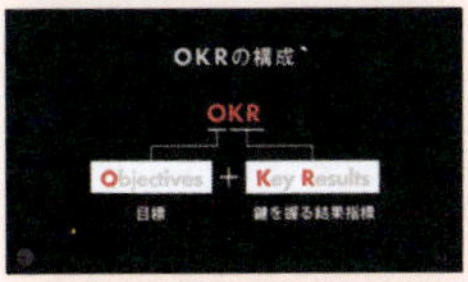
OKRの構成
OKR
Objectives + Key Results
目標
鍵を握る結果指標

2 OKRのサンプル
04

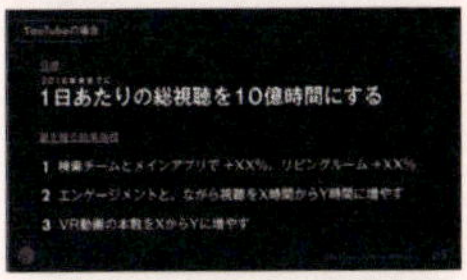
1日あたりの総視聴を10億時間にする

3 OKRのポイント
06

具体的かつ野心的な目標にする
1日あたりの総視聴を10億時間にする

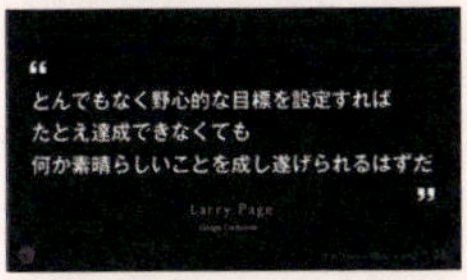
とんでもなく野心的な目標を設定すれば
たとえ達成できなくても
何か素晴らしいことを成し遂げられるはずだ
Larry Page

Googleのルール
目標達成率70%で成功

時間軸をはっきりさせる

目標と結果指標を完全に結びつける
結果指標をすべてクリア = 目標を達成

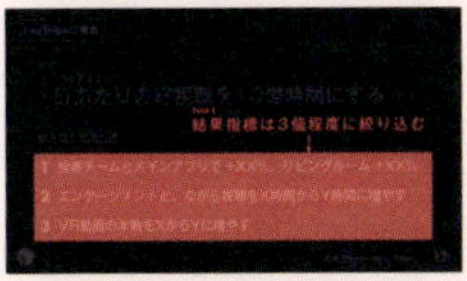
結果指標は3個程度に絞り込む

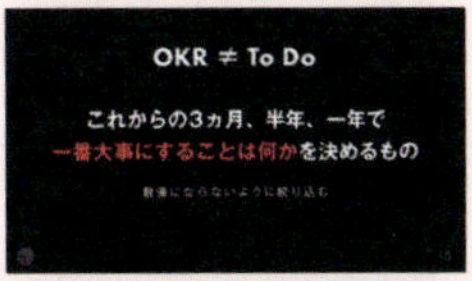
OKR ≠ To Do
これからの3ヵ月、半年、一年で
一番大事にすることは何かを決めるもの

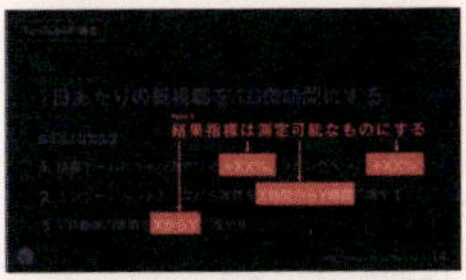
結果指標は測定可能なものにする

定期的に見直しをかける
継続
修正
廃止
追加

オープンにして
誰もが参照できる
ようにする

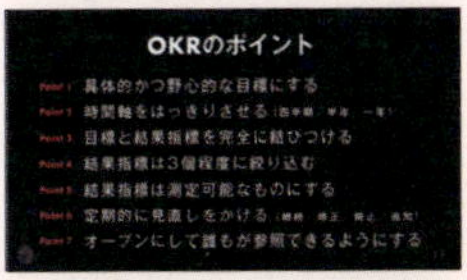
OKRのポイント
具体的かつ野心的な目標にする
時間軸をはっきりさせる
目標と結果指標を完全に結びつける
結果指標は3個程度に絞り込む
結果指標は測定可能なものにする
定期的に見直しをかける
オープンにして誰もが参照できるようにする

4 期待できる効果
18

5つの効果
FOCUS
STRETCH
TRACKING
ALIGNMENT
COMMITMENT

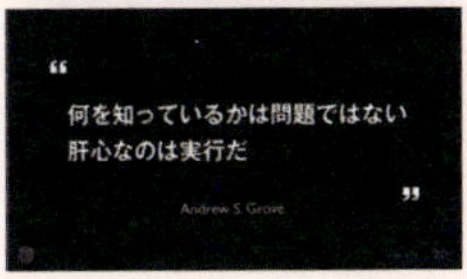
何を知っているかは問題ではない
肝心なのは実行だ
Andrew S. Grove

参考文献
Measure What Matters
TED

VISUAL THINKING

2.2

了解视觉笔记的结构

视觉笔记的基本结构

无论是自己使用还是传达信息，视觉笔记都是由"内容"和"表现形式"组成的。"内容"是指将什么作为"对象"，然后以怎样的"切入点"来整理。"表现形式"则由"版式"和"构件"组成。

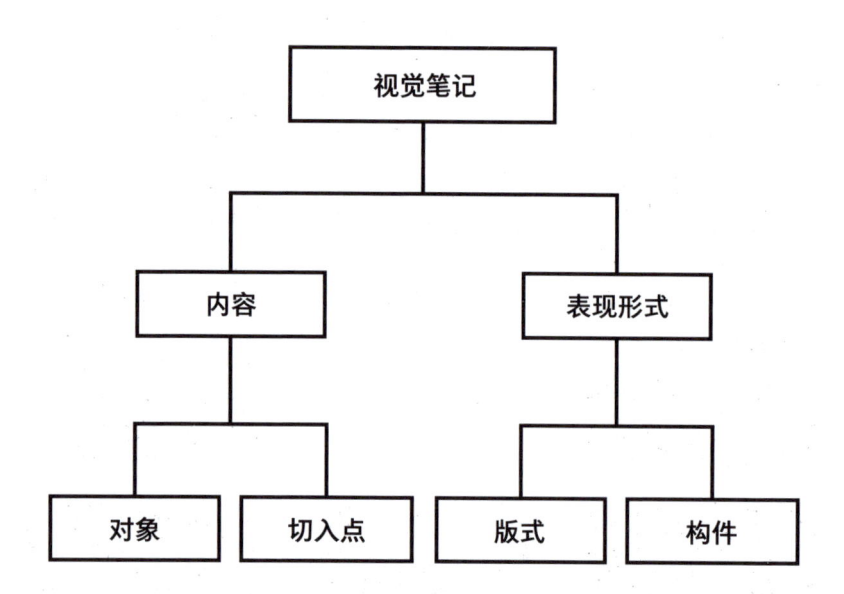

```
            视觉笔记
              │
       ┌──────┴──────┐
       │             │
      内容          表现形式
       │             │
   ┌───┴───┐     ┌───┴───┐
   │       │     │       │
  对象   切入点  版式    构件
```

例如，给自己使用的关于托马斯·爱迪生的视觉笔记，对象是爱迪生，切入点是他的家人。因为是给自己使用的视觉笔记，所以版面上可以十分自由，不必拘泥于一定的版式。相当于构件的部分就是文字和插图。

对象	切入点	版式	构件
托马斯·爱迪生	家人	自由式	插画或者文字等

对外传达信息的视觉笔记也是一样。

"内容"表示了什么？根据这样的内容，我们应该使用怎样的表现形式绘制？语言是由语法和单词组成的，而视觉笔记中的语法就是"版式"，"构件"就相当于单词。

给自己使用的视觉笔记，因为对图像的完成度没有要求，所以可以随心所欲地绘制。也因为如此，你不必太过在意整个页面的版式。

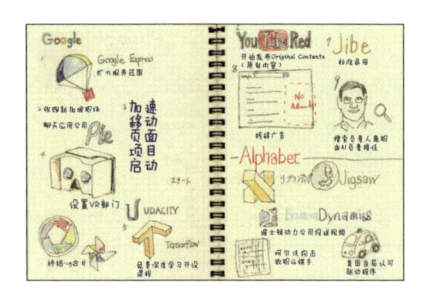

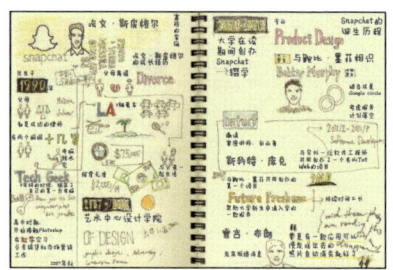

但是，即使怎么画都可以，我认为有些人也会很难画出东西来。在习惯绘制视觉笔记之前，我总会将图像部分和文本部分像图片日记一样分开，并在图像部分周围绘制边框。

随着对这种方法的习惯，你可以开始适当地更改图片部分的大小，让它看起来更像是杂志或者报纸的版面。

插图和文本的分量要以自己便于描绘的程度为先，即使页面上只有插图，或者完全以文本为中心也完全没有问题。

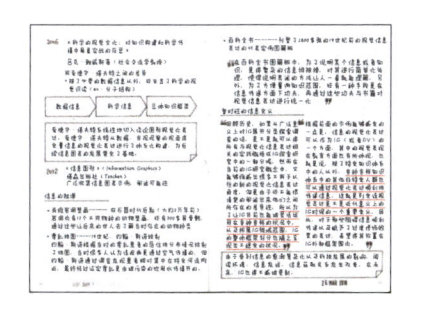

另一方面，在传达信息用的笔记上，我们需要设想观众的存在，考虑到版面设计的易读性。版面设计有三种经典版式，我们可以从这里入手绘制视觉笔记。

31

经典版式1　放射型

当你想要将主题再分为子主题时,这种版式会很合适。将主要的元素放在中心,并呈放射状地向外拓展子信息。

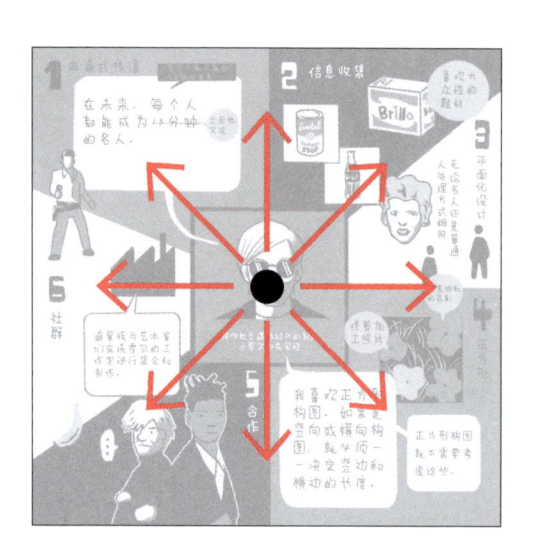

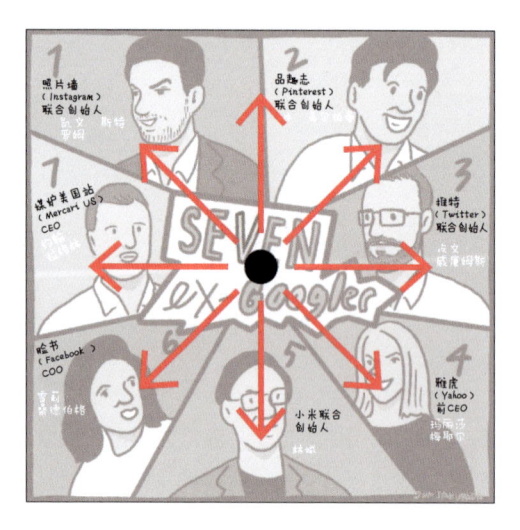

经典版式2　时间轴型

当你想要按照时间顺序总结主题内容时,这种版式会很合适。决定一个起点和终点,并安排内容,使信息朝着一个方向流动。

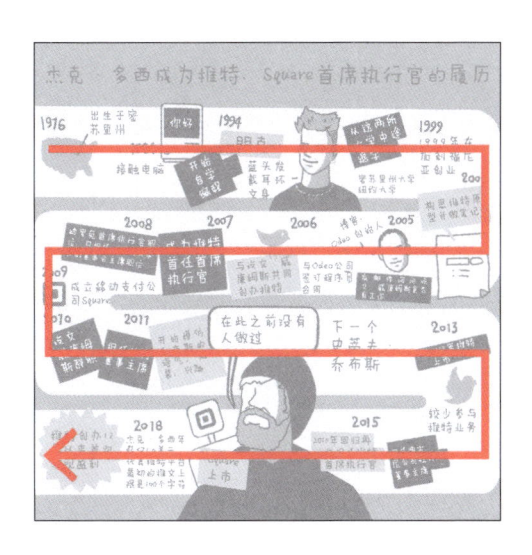

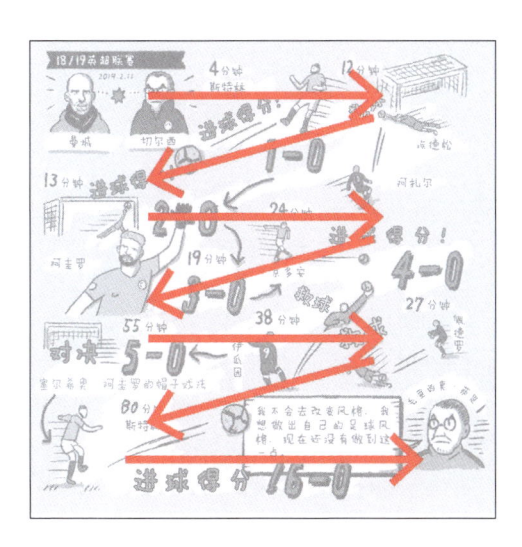

经典版式3　块型

当你想要粗略地概述有关主题的信息时，这种版式会很合适。我们将这些信息像砖块一样堆积在一起。

注意视线的流动

不管是哪种经典版式，都应该注意怎样才能让观看者没有压力地按照观看顺序阅览图像。除了三种常见的经典版式之外，你在尝试着进行原创布局设计时，要充分地考虑视线的流动。

视觉流程

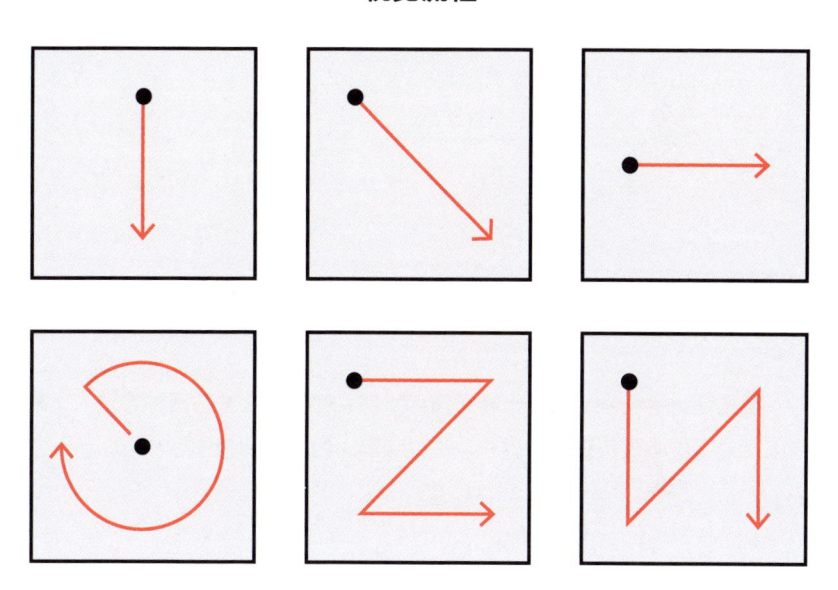

2.3

主要构件的绘制方法

视觉笔记的三个主要的构件是"插图""文本""图形"。我认为同文本和图形相比，很多人都会觉得插图更难。因此，首先我将在这里重点介绍绘制插图的技巧。

插图

人物插图

视觉笔记中经常会使用人物插图。绘制人物插图大致有两种方法，一种是以面部为中心进行描绘，另一种是以绘制人物的轮廓为中心。

（1）以面部为中心进行描绘

在视觉笔记中绘制面部主要是为了展现人物的存在感。除此之外，某些时候会出现即使从内容上看是配角，也会因为太有魅力而无论如何都想要画出来的情况。绘制面部的时候，请将人物的面部分为六个部分来考虑。

面部的构成元素：

①轮廓　②鼻子　③眼睛　④嘴巴　⑤耳朵　⑥其他（头发、胡须、皱纹、眼镜、饰品等）

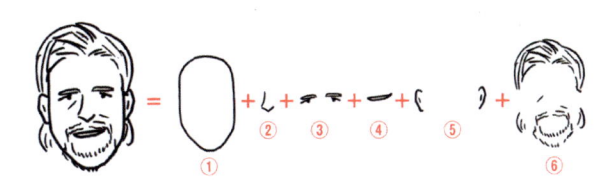

①轮廓：观察你想要画的脸，看看它的轮廓是圆的、椭圆的、方的还是尖的，从其中选择一个轮廓。

②鼻子：绘制鼻子时是选择写实还是抽象，给人的印象会有很大不同。为了能更轻松地绘制，最好还是选择抽象的方式绘画。

③眼睛：眼睛的绘制可以参考漫画的表现形式。找到自己最易于绘制的眼睛的类型。眼睛和眉毛是传达面部表情最重要的部分。

④嘴巴：从简单的线条开始绘制人物的嘴巴。只是简单的线条就足以满足各种表达需求了。

⑤耳朵：除了绘制有特殊特征的人物之外，通常只要画一个半圆就可以了。

⑥其他（头发、胡须、皱纹、眼镜、饰品等）：所有要素中最容易表现出人物特征的是其他部分，在你习惯绘制面部之前，我建议你使用戴眼镜的或者留胡子的人进行练习。

使用指南：

画出轮廓后，在轮廓上使用十字线条作为参考，这样就更容易平衡面部的各个元素了。根据鼻子、眼睛和嘴巴的位置，面部的气质会有很大的不同。

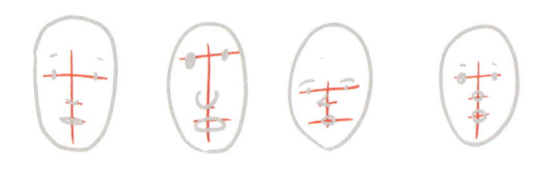

（2）绘制轮廓

在绘制人物轮廓的时候，请遵循以下三个步骤。轮廓的核心是身体、手臂和腿部的角度，根据角度，你可以表达诸如坐着、跑步或站立等动作。因此，我们将人体分为三个部分：骨架、肌肉和衣着。

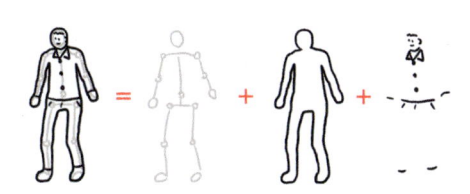

第一步：骨架

首先绘制骨架，通过在关节处绘制圆形，改变线条的角度来表示动作。

第二步：肌肉

在骨架周围添加肌肉。想象一下把黏土粘在一次性筷子上的感觉就好了。

第三步：衣着

当肌肉绘制完毕时，请擦除骨架的线条，并根据需要绘制衣着。

（3）面部和轮廓的组合

你可以只绘制人体的轮廓而不画脸，也可以将面部和身体轮廓进行组合，以绘制突出人物个性的插图。

人物之外的插图

　　对于人物之外的插图，其画法也和人物相同，将所需要绘制的图像进行分解。打个比方，如果是绘制一棵树，就可以将其分解为三角形和长方形的组合，或者是圆形和长方形的组合。

　　同样，如果是车辆的话，就可以分解成长方形+长方形+圆形+圆形。如果是出租车的话，就在车顶再增加一个长方形。

　　如果绘制马克杯，就将它分解为长方形+半圆。如果是笔记本电脑，就分解为长方形+长方形+长方形。

　　对于想要将图像绘制得更加真实的人，可以在之前的这些图像的基础上再进行一些加工。对于树的话，就是对树冠进行锯齿状的弯曲。对于车的话，就是在车后面添加表示运动的线条。对于马克杯，可以添加蒸汽。对于笔记本，可以在屏幕上添加反光。

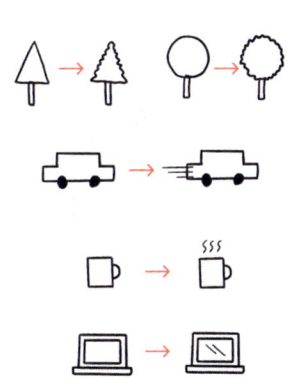

感情和概念的表现

人和物体是可以看得到的,所以你可以边观察边绘画。但与此相对的,也会有需要表现眼睛看不到的感情和概念的时候。这种时候,我们可以使用一个联想游戏帮助思考。比如要表示"危险"的时候,你可以联想到:

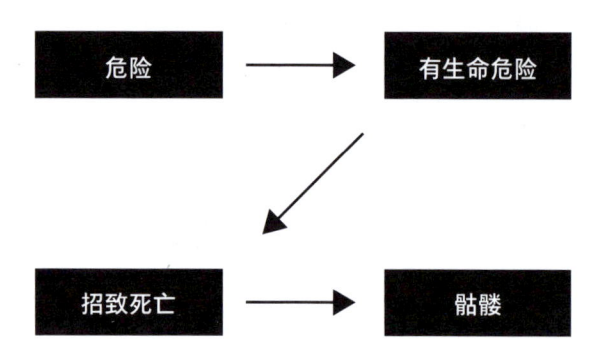

危险 → 有生命危险 → 招致死亡 → 骷髅

在持续联想的过程中,如果到了有外观存在的那一步,就将它绘制出来。需要注意的是,绘制感情和概念的时候,要让它比人和物体更加简约。它越是写实,就越是会让感情和概念这样本应模糊的东西固定化。只要用圆形、长方形和三角形的组合就足够了。

表情图可能会对你的绘画有所帮助。许多感情和概念上的东西都已经被视觉化了。你可以将它们作为表达的参考。

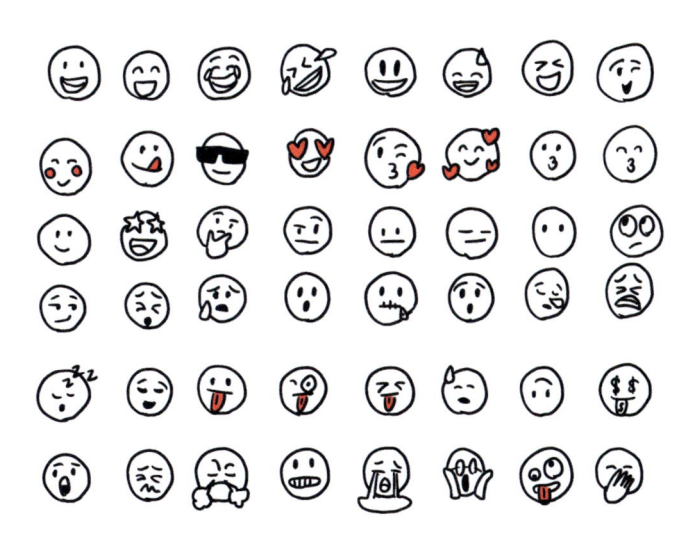

象形图参考网站：Noun Project
https://XXXXX.com/

43

绘制插图的心态

在视觉笔记中，你不需要将图像画得很精确。如果你能够分解和组合图形，就能够画出一幅视觉笔记。

如果你画得不好，也没有必要担心。绘制视觉笔记的第一要义就是让自己开心。比起擅长或不擅长的纠结，更在意自己是否能画出像样的画。不要画自己看到的东西，而是要画出"自己对这样东西是如此看待的"。不要和别人的画相比较，表现出自己的风格才是绘制的诀窍。

因为渐渐找到了自己画起来最顺手的眼睛的画法、树的画法等，绘制的次数越多，你为自己的绘画所感到害羞的程度就会越小。

推荐使用插图接龙来练习绘画。你可以一个人做，也可以和朋友一起做。

苹果、狐狸、老鼠、蚯蚓、寿司、鹿、稻草人、水滴、小丑鱼、耳朵、牛奶、汽车、窗户、门

文本

视觉笔记的第二个主要构件是文本。对于文本，只需要以我们平时使用的字体为基础，加粗或者使用丝带、气泡等包围起来，或者将其和插图进行组合就够了。就像是在漫画里，对文本的装饰仅限于标题，而台词是普通的字体一样，在视觉笔记中，我们也可以只对部分文字进行装饰，比如标题和目录。

标题

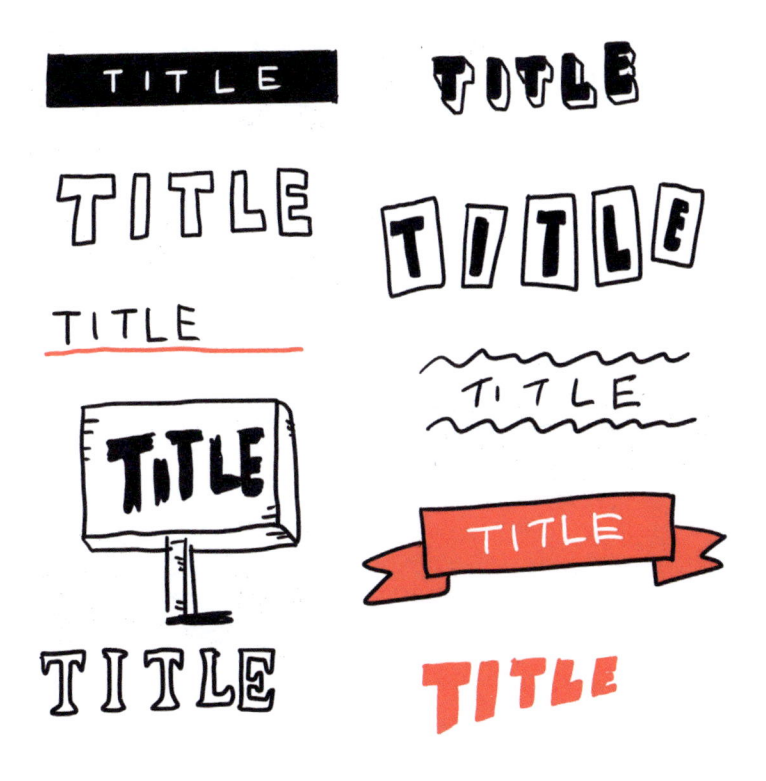

装饰性文字

图形

视觉笔记的最后一个主要构件就是图形。我们使用矩形、箭头、线条以及它们的组合制作说明。

对白框

箭头

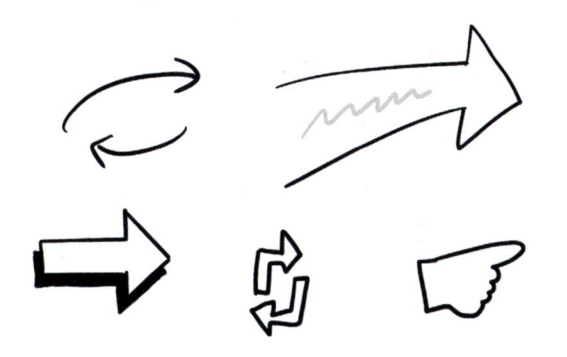

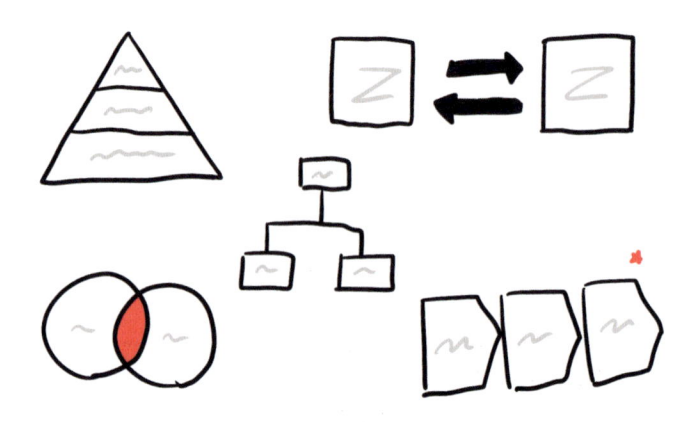

边框

说明

共同部分

在一个以传达信息为目的的视觉笔记中，我们标记了是谁绘制的、根据什么绘制的。信息发送者的资料和信息来源要放在一起。你可以将它放在任何位置，但一般还是绘制在页脚部分比较好。

签名

签名记载了你的名字、社交网络账户和网址。

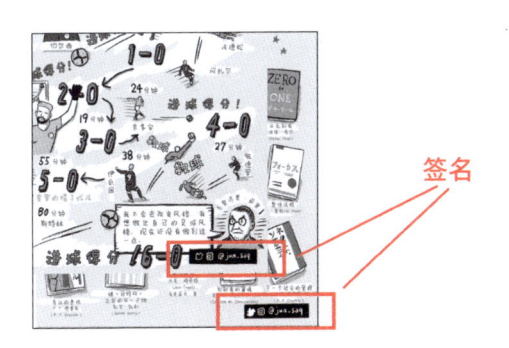

来源

包括书籍、网站和其他研究资料的标题。

2.4

试着画一下吧

为了理解视觉笔记的基本结构"版式"和"构件",我们来实践画一个视觉笔记吧。使用六个步骤来实现。

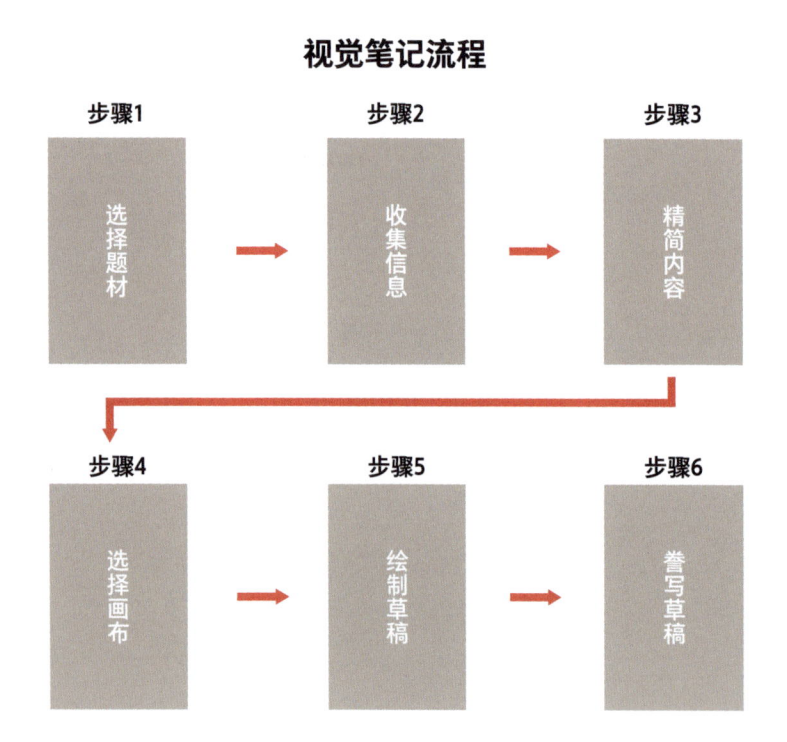

视觉笔记流程

步骤1 选择题材 → 步骤2 收集信息 → 步骤3 精简内容

步骤4 选择画布 → 步骤5 绘制草稿 → 步骤6 誊写草稿

其中最消耗时间的就是步骤2的"收集信息"。因此如果你想要通过绘画实践来体验视觉笔记究竟是怎样的东西，还请选择一个不需要研究的题材吧。如果你选择了一个自己熟悉的题材，那么可以大大缩短研究的时间。在这里，我们就将关于我们自己的事情绘制成一个视觉笔记吧。总结你所喜爱的那些东西，我称之为"偏爱地图"。请尝试着按照步骤解说动手绘制吧。

完成的"偏爱地图"图像

♥ 音乐
电台司令/糨糊乐队/绿洲乐队
山羊皮乐队/库拉谢克乐队/缪斯乐队
涅槃乐队/快乐眼球乐队/帕蒂·史密斯
大卫·鲍伊/人行道乐队/四号节拍/
戴尔维斯·科斯特洛

♥ 漫画
《JoJo的奇妙冒险》
《20世纪少年》
《三国志》
《龙珠》
手冢治虫

♥ 企业家
伊万·威廉姆斯
杰克·多西

座右铭
水到渠成

2019.2.10

♥ 电影
《记忆碎片》《香草的天空》《社交网络》《超能查派》《黑花少年》《阿凡达》《七宗罪》《狗镇》《星球大战》

你好，世界
樱田润

个人主页
社交网站
邮箱地址

小说
芥川龙之介/安部公房/
松本清张/山崎丰子/
《1984》《柠檬》

♥ 艺术家
安迪·沃霍尔
朱利安·奥培
罗伊·利希滕斯坦
彼得·福勒
斯坦利·唐伍德
梵高
萨尔瓦多·达利

♥ 设计师
彼得·萨维尔/五角设计公司/
M/M（Paris）/保罗·兰德/
设计共和

51

步骤1 选择题材

首先，我们选择一个题材来绘制视觉笔记。这里的题材是"偏爱地图"。

步骤2 收集信息

列出你所喜爱的东西，例如"喜欢的书""喜欢的电影""喜欢的商店"等，作为视觉笔记的材料。

喜欢的音乐/喜欢的电影/喜欢的漫画/喜欢的艺术家/喜欢的绘画/喜欢的游戏/喜欢的语言/喜欢的食物/喜欢的酒/喜欢的商店/喜欢的颜色/喜欢的运动/喜欢的地方……

步骤3 精简内容

在收集到的材料中选择将要绘制成视觉笔记的东西。因为最终绘制成视觉笔记的东西是通过绘制草稿来确定的，因此在这里我将考虑三个类别："我一定要放置的东西""如果空间足够我想要放置的东西""不放也可以的东西"。

1			
2	喜欢的音乐	作品A	非常想登载
3		作品B	非常想登载
4		C	非常想登载
5		D	如果有空间的话
6		E	如果有空间的话
7		F	不登载也可以
8	喜欢的电影	作品A	非常想登载
9		作品B	非常想登载
10		C	如果有空间的话
11		D	如果有空间的话
12		E	如果有空间的话
13		F	非常想登载
14	喜欢的漫画	作品A	非常想登载
15		作品B	非常想登载
16		C	如果有空间的话
17		D	不登载也可以
18		E	不登载也可以
19	喜欢的画		如果有空间的话上传
20	喜欢的食物		不登载也可以
21			

在Excel表中将它们列出来。

步骤4　选择画布

我选择了一个正方形的画布，因为我设想会在社交平台上介绍并同时分享它。

步骤5　绘制草稿

确定画布之后，从常规的版式中选择一个版式。这一次，我们采用了"放射型"版式，这种版式能够将各种散乱的元素轻松排列在一起。

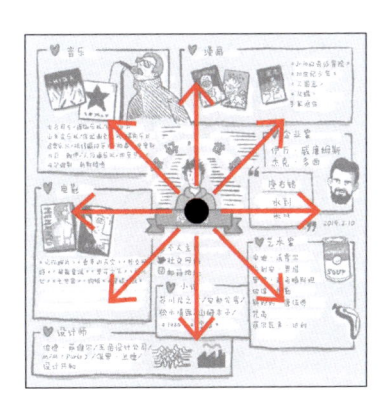

根据版式绘制出粗略的草图。内容杂乱无章也没关系，尝试着在复印纸上粗略地罗列出想要画的东西。这里的目的是查看内容是否合适，并仔细检查要放置哪些项目。

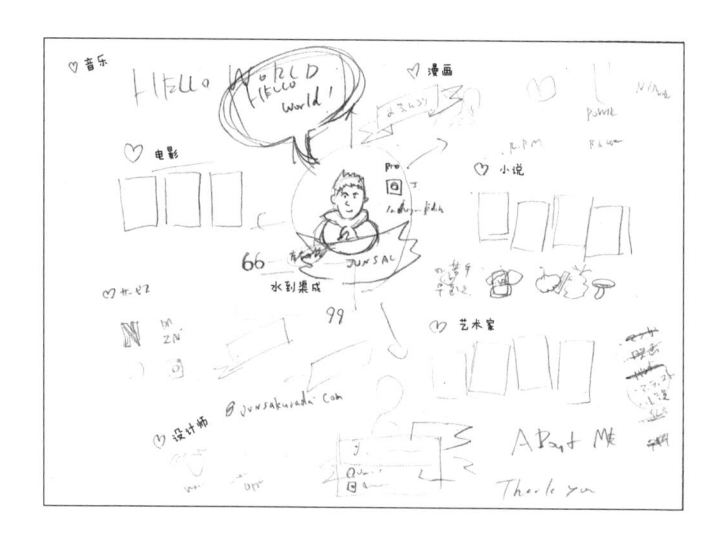

对整体的画面有感觉后，就可以进一步提高精度，绘制草稿了。

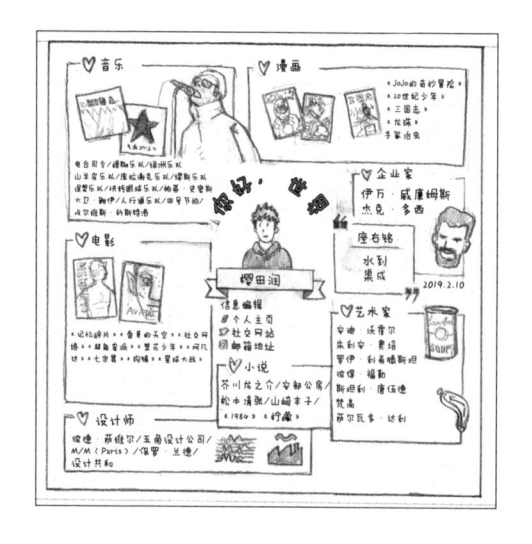

在复印纸版本中，我放了"喜欢的食物"和"喜欢的服务"，但在下一个版本中，我删除了它们，只留下了更能表达偏爱的项目。

我认为按照以下步骤来绘制放射型版式会更加容易。

（1）画一个框架　　　　　　　　（2）描绘中心

（3）从左向右地绘制最上面一段 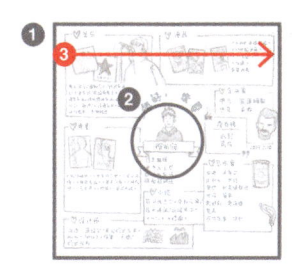　　（4）从上向下

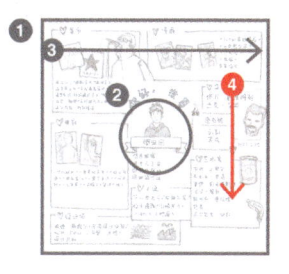

（5）从右向左 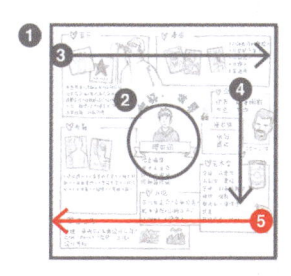　　　　　　　　　　（6）从下向上

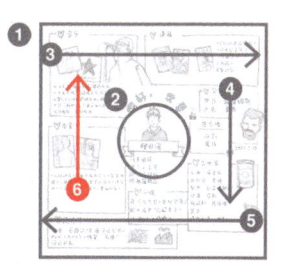

步骤6　誊写草稿

以草稿为基础进行誊写。你可以在纸质笔记本上进行誊写，也可以使用数字工具。在这里，我们主要介绍使用数字工具进行草稿誊写的流程。

（1）导入草稿

我们把草稿拍摄下来，将它导入到平板电脑中，并将它变成半透明的。

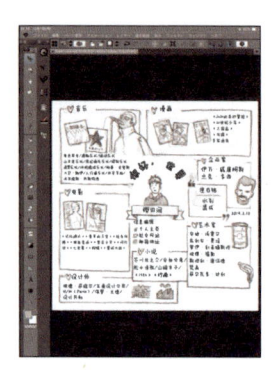

（2）描线

首先要将主要线条描绘出来。如果先进行着色，就会因为颜色遮盖在上方而无法把握整体图像，所以在着色之前要先用黑色描绘出基本线条。

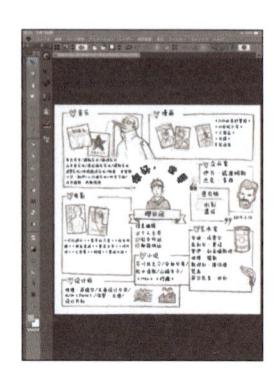

（3）着色

着色的诀窍是不要使用太多不同的颜色。在这个示例中，我们以单色（白、浅灰、灰、黑）为基色，并且只使用粉红色一种颜色进行着色。

打个比方，偏爱地图中的"喜欢的电影"实际上以橙色作为主要色调，但在这里我们使用粉红色来替代，以避免增加颜色的数量。

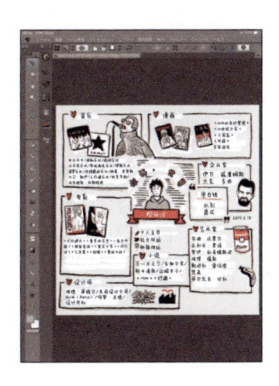

（4）微调

对文字难以读懂的地方和插图的细节进行微调，使视觉笔记最终完成。

分享

让我们与熟人、所属的社区或通过社交网络分享自己制作的偏爱地图吧。偏爱地图上的内容都是个人的兴趣爱好，所以没有所谓的正确答案。也许分享会给你带来令人不愉快的反响，但你不需要在意它们。我们应该关注的是，因为诸如"我也喜欢这个""这里很不错"这样的反应而产生交流的可能性。你也可以不使用数字工具来完成，而是将它们画在笔记本上或纸上，然后拍照并共享。

社区成员的偏爱地图

在这里，我想向您介绍我的在线沙龙成员的一些偏爱地图。

都筑直美（@nnnnnaaaaaaooo）

田中圭子（@sappa_doraemon）

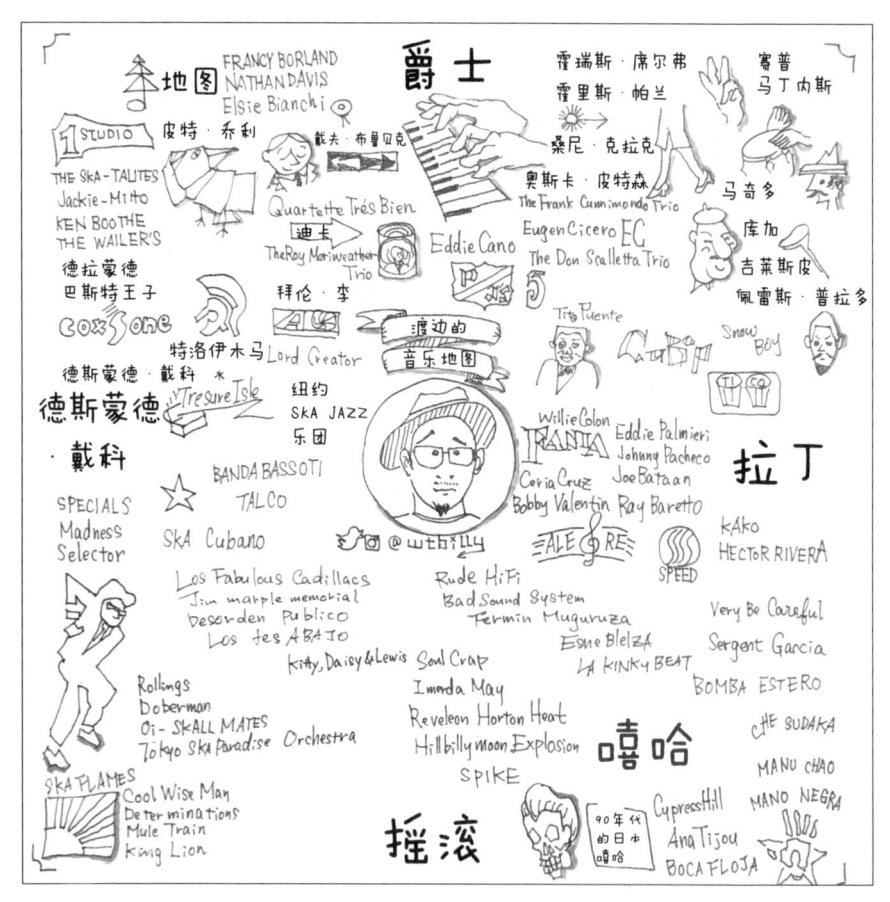

渡边健太郎（@wtbilly）

行武亚沙美（@OTASM9）

饭出麻衣子(@xxxmmmii)

偏爱

喜欢的东西
- 读书
- 眺望天空
- 与人交流
- 画画

书
- 《和服习惯》
- 《我的连衣裙》
- 《浪客剑心》

应用软件
- 推特　日本知名的商业新闻应用
- 脸书　日语播客应用
- 拼趣　电子阅读器
- 绘画应用软件

绘本画家
- 西卷茅子　岩崎知弘
- 酒井驹子　伊势英子
- 林明子　　户田幸四郎

人
- 樱田润
- 野村高文
- 胜间和代
- 额田王

饮料
- 红茶
- 梅子海带茶

画材
- 彩色粉笔
- 彩色铅笔
- 马克笔

Shuzui Yuka

让我们一起来聊聊共同喜欢的东西吧

守随佑果（@yuu8279tapwtapw）

伊藤水希（@tVw3J2）

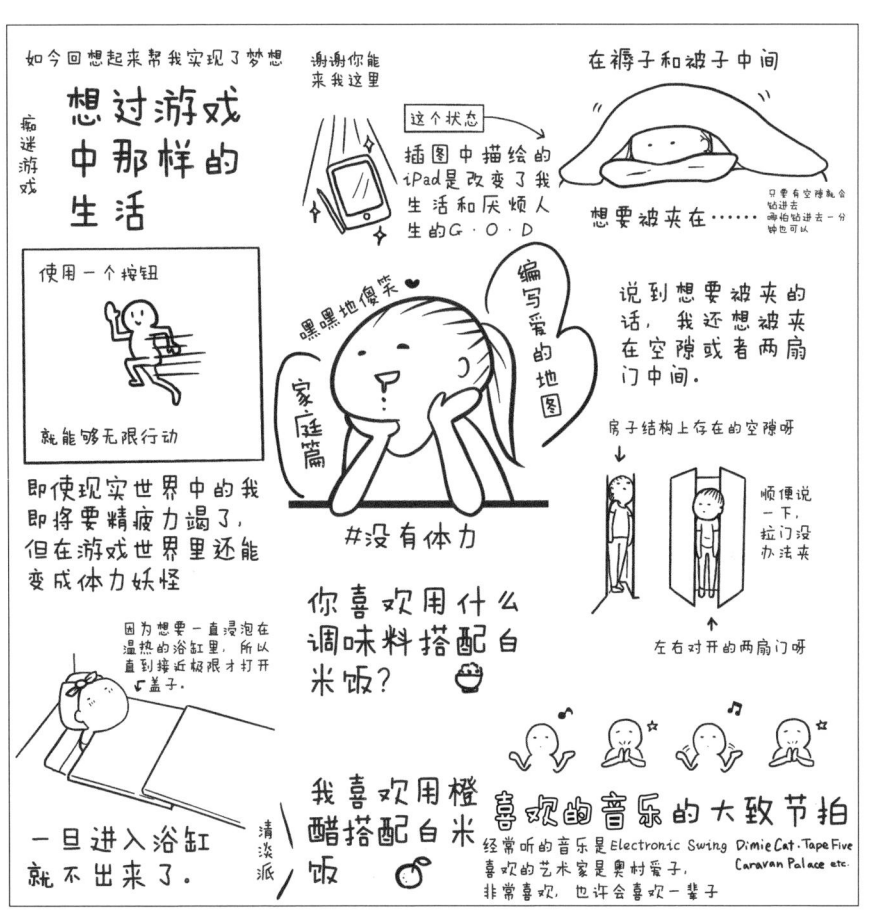

宅间纪子（@noriko_is_alive）

总结

视觉速记的基本结构

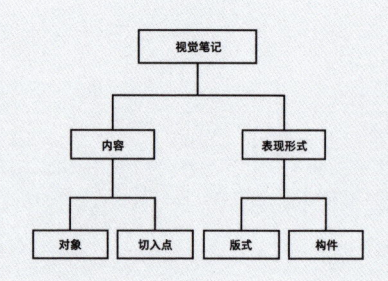

经典版式

①放射型　②时间轴型 　③块型

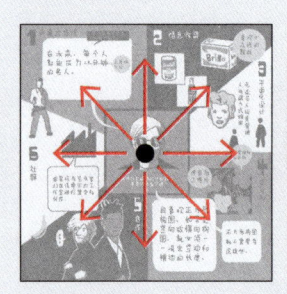

注意视线的流动

视觉流程

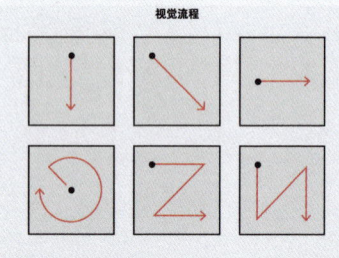

3个主要构件

"插图""文本""图形"

画脸的步骤

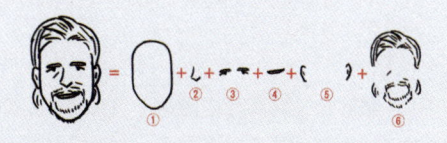

绘制人物轮廓的步骤

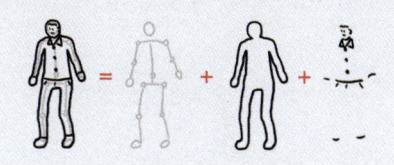

画人物以外插图的步骤

如何绘制视觉笔记

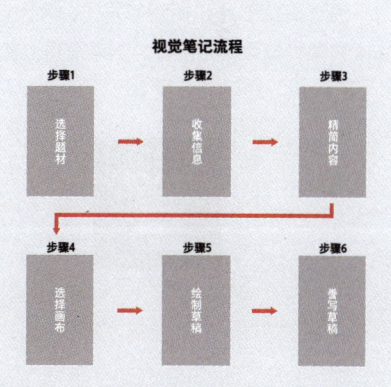

专栏

一 **视觉笔记的发展**

（1）视觉内容的统一化

　　在移动设备和社交网站上观看视频变得越来越普遍，而且尺寸统一的高密度信息图像变得越来越多。另一方面，传统的网站页面大多是纵向浏览模式，如果将其优化到移动端的屏幕上，就需要对信息进行一定程度的压缩。如果制作尺寸大小统一的图表和图形，就可以非常简单地展示各种信息。

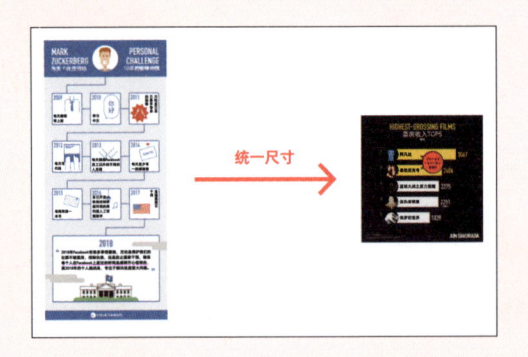

　　通过浏览图片和视频等方式，大大增加了用户接触大量视觉信息的机会。再加上移动终端画面分辨率的不断提高，越来越多的细节内容得以展示。

然后，随着我们习惯了在社交网站上观看视频的体验，就像在信息流中停下来观看视频一样，现在可以设想在看到感兴趣的图片时放大并仔细查看的行为了。此外，越来越多的人也正在为教室的黑板和会议白板拍照和截图，仔细查看图像信息已经渐渐成为我们日常生活的一部分。从这样的趋势上看，我觉得像写生笔记那样信息丰富的手绘图像和时代的潮流正好相配。

（2）向能感受到温度的表达转移

当充斥在身边的信息越来越多，虚假信息也越来越引人注目，你会意识到什么样的人在说话，意识到说话人的存在。对于任何曾经见过面的人，或者在视频和音频上遇到过的人，都可以想象出他们作为叙述者的心情，从而缩短了人们之间的距离。手绘的视觉笔记也是能够让人感觉到他人存在的视觉表现。因为不是用绘图软件做的，所以视觉笔记的文字和内容既不好看，又难以阅读。虽然视觉笔记在信息方面的价值不如信息图形、图形记录等其他的表现形式，却能让人从中感受到情感和温暖。由于在生活中看到手绘文字的机会减少了，我感到这种表达方式的稀缺性增加了。

（3）合适工具的出现

随着笔型输入设备的出现，使用数字工具绘制视觉笔记变得简单多了。另一方面，即使是使用纸笔进行绘制，也因为智能手机相机分辨率的提高而可以轻松进行从拍摄到分享的过程了。即使是作为在社交网络上发布信息的一种变奏曲，视觉笔记也是很适合的。

"大多数人似乎认为,绘画能力与生俱来,画家就像高个子一样,是天生的。事实上,大多数'会画'的人,本身就很喜欢画画,将许许多多时间投入其中,这就是他们擅长画画的原因。"

保罗·格雷厄姆
——摘自《黑客与画家》

第三部分

实践篇

通过案例介绍用于绘制视觉笔记的工具,
并通过案例解说绘制流程。

3.1

视觉笔记的工具

绘制视觉笔记没有固定的工具。只要能够描绘文字和插图，不管是数字的还是手绘都可以。选择一种方便易用，适合持续绘制视觉笔记的工具。在这里，我介绍我使用的工具供大家参考。

手绘工具

铅笔

我在绘制草稿时会使用它——2B铅笔。我喜欢使用施德楼和利拉的铅笔。

卷笔刀

我喜欢思笔乐的卷笔刀,因为它的易削性、设计性和便携性都非常好。

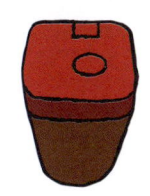

橡皮擦

为了容易擦除,我喜欢使用施德楼的Mars plastic橡皮擦。

勾线笔

在誊写用铅笔打好的草稿时使用。在一组6支勾线笔中,我最常使用的是0.3mm和0.5mm的型号。

例如,下面的草图笔记就是使用勾线笔绘制的。

可擦除的圆珠笔(可擦笔)

当我以最随意的方式绘制视觉笔记时,我会使用0.5mm的黑色可擦笔。限定了绘画工具的话,在绘图完成时就不用考虑颜色和笔的粗细了。

例如，下面的笔记就是用可擦笔画的。

彩色铅笔

考虑到握笔的手感和便携性，我经常会使用无印良品的12色铅笔。有时我也会使用辉柏嘉的彩色铅笔。

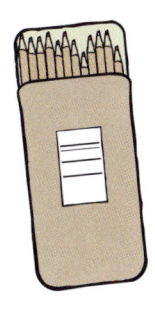

颜色笔①

我喜欢使用施德楼公司的颜色笔，因为易于绘制，有多种颜色，手感也很好。

例如，下面的插图就是使用颜色笔施色的。

颜色笔②

我有时会在涂灰色时使用Copic ciao马克笔。虽然说是灰色，但它的魅力就在于有着细腻的浓度划分。

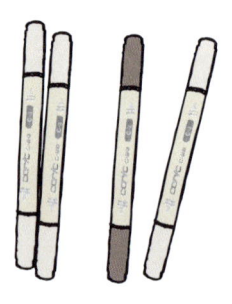

笔记本①

可以撕除失败页面的Rollbahn线圈笔记本很适合随意地绘制。我通常使用的是A5尺寸的笔记本，这样可以在绘制时轻松携带和平衡版式，不会太大或过小。它的优点在于纸很结实，即使在使用可擦笔擦除图像时也不会受到损伤。

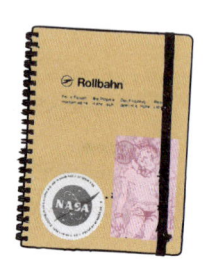

笔记本②

与线圈笔记本相对应的是，我们使用装订牢固的笔记本（Moleskine和灯塔笔记本）来保存视觉笔记。选择笔记本的要点是纸张的结实度和尺寸(A5)，然后是规格类型。横线本的思考只能横向进行，不适合自由思考。那么没有任何格线的素色笔记本呢？使用素色笔记本进行绘制又很难把握版式，容易让人感到困惑。因此，我尝试着使用易于在垂直和水平方向进行拓展的方格本或点格本。

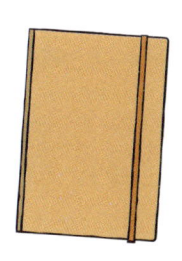

在使用数字工具誊清底稿的时候，推荐使用方格样式。在将拍摄的照片作为参考或将其设置为大致的草稿时，你会发现图像的四角、垂直线和水平线都很清晰，马上就知道怎样对齐。

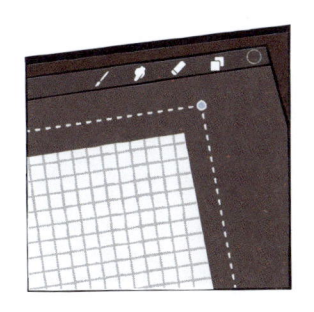

透写台

如果要根据手绘的草稿用数字工具进行誊写,就用照相机捕捉图像。与此相对,如果想要用手绘的方式誊写你所绘制的草稿,就可以使用透写台。

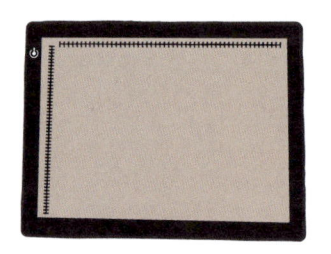

其他

我们还会使用修正液、尺子、模板、纸胶带、贴纸、清除橡皮残渣的刷子等工具。

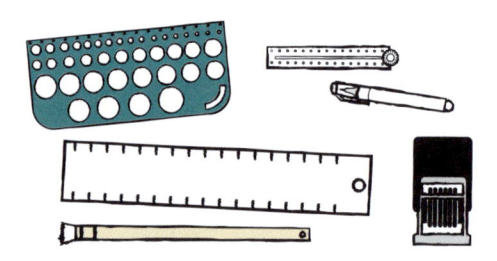

数字工具

设备方面使用iPad Pro和Apple Pencil,App方面使用Procreate或Clip Studio。

例如，下面的视觉笔记就是使用Clip Studio软件绘制的。

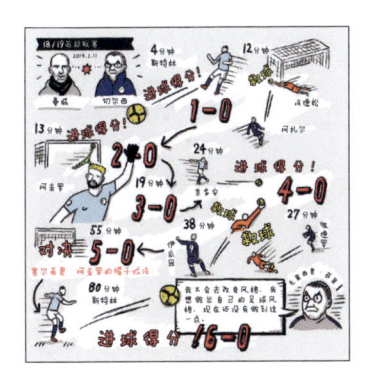

而下面这个视觉笔记使用的是Procreate绘画软件。

数字工具的优点是，如果你拥有一套iPad Pro和Apple Pencil，就可以在不需要其他工具的情况下完成着色，而且你创作的图像还可以直接在社交网站上分享。我喜欢手绘的一些麻烦之处（比如橡皮屑和不能修改），所以无论是手绘工具还是数字工具我都会使用。在找到适合自己的工具之前，我觉得还是把各种方法都尝试一下比较好。

3.2

提高视觉笔记水平的诀窍

在详细介绍绘画方式之前,让我们先来看看根据我的实际经验,注意哪些方面可以提高作品质量。我将展示自己在3个月前绘制的视觉笔记以及经过了反复试验后绘制的作品。总而言之,"之前"和"之后"的区别就在于印象的强烈程度,之后的作品更加浓淡分明、张弛有度,突出了重点部分。

之前

之后

要点1　颜色

之前的作品中印象最深刻的颜色是什么呢？我认为在铺满浅灰色的背景上，各种颜色中相对醒目的颜色（例如粉红色和橙色）将给人留下深刻的印象。相比之下，在之后的作品中，不管问到哪一幅图的主色彩都能立刻得到答案。在确定了单色+主色后，如有必要，再设置一种表示强调的颜色。

要点2　构图

之前的作品在每条信息的表达和尺寸上都没有太大差别，而且都是并行排列的。相比之下，之后的作品在插画和文本的配置上张弛有度，给人留下了生动的印象。

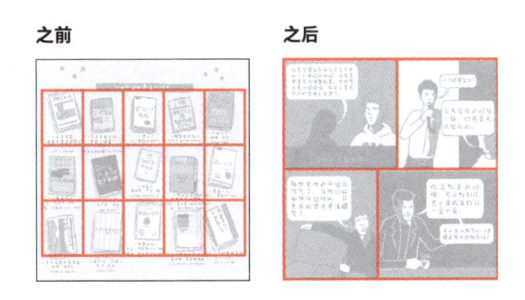

还有，下面的视觉笔记使用树的主题描绘出了放射型布局。

因为是有关制造和销售植物性人造肉的"别样肉客"（Beyond Meat）公司的视觉笔记，所以在活用放射型布局的同时引入了树的主题。引入主题的时候，请选择与内容相关，而不是引人注目却毫无意义的东西。

要点3　风格

在之前的作品中，无论是插图还是文本，都是使用同一支笔绘制的，因此两者都太眼熟了，插图效果不佳，文字也难以辨识。相反，在之后的作品中，我们改变笔的型号绘制插图和文字，以强调插图的风格。

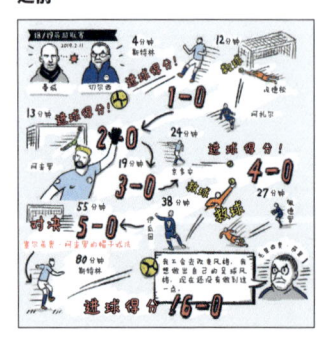

虽然只是3个月的变化，"之前"和"之后"之间却有了很大差别。我做出这种改变的契机有两个。

契机1　意识到是否能留下印象

有一次，我在自己主持的研讨会上得到了创作作品的灵感。研讨会的内容是去美术馆，选出5个自己觉得好的作品，并从中提取出3个共同特征。我在美术馆参观了绘画和雕塑，试着分析了自己感兴趣的作品。于是我从其中发现了3个共同特征，即我在绘制视觉笔记时所意识到的"颜色""构图""风格"。

我所喜欢的画作，通常都在控制颜色数量的同时具备很强的视觉冲击力，并且使用了大胆的构图，画出的线条都具有独特的风格。从那时起，我在绘制自己的作品时，也开始重视这3个方面。但这只是我个人的情况，为了找到属于自己的风格，我建议大家也进行一下这样的观察。观察各种事物，并从中提取出自己觉得好的作品所共有的特征，然后再将这个特征融入自己的作品中。

契机2　意识到是否想要加入作品集

接下来我开始意识到的是，我是否想把自己好不容易画出来的作品放到作品集里。这是一个很简单的问题，如果你要将作品加入作品集，它就必须是你的代表作。为了达到这样的品质，从研究到誊写的流程就需要变得更加细致。我需要在每个步骤上都花很多时间来制作一张手绘的信息图形，让它更接近理想中的结果。

那么，实际上我们在绘制视觉笔记的每个阶段都会拘泥于什么呢？下面我将使用3个"之后"风格视觉笔记作品作为实例进行解说。

实例
安迪·沃霍尔的先见之明

步骤1　选择题材

沃霍尔的发言、活动和作品就好像他预见社交网络时代的到来一样。我从很久以前就开始对沃霍尔感兴趣，所以我想把与他有关的简述用视觉笔记总结出来。

步骤2　收集信息

除了拥有自己的著作之外，安迪·沃霍尔还有很多作品集和与他相关的书籍。我们首先来浏览这些。

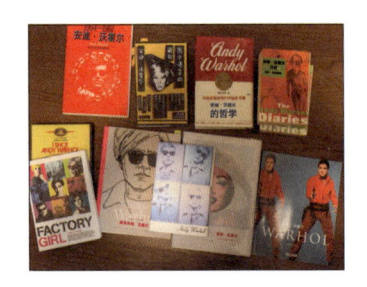

我并不是一开始就找到了"先见性"这个切入点，而是从各种各样的切入点入手，将信息整理成了电子表格。

①年表

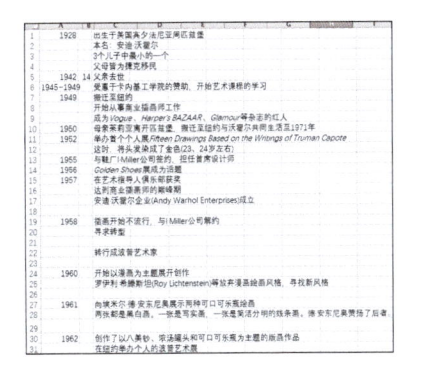

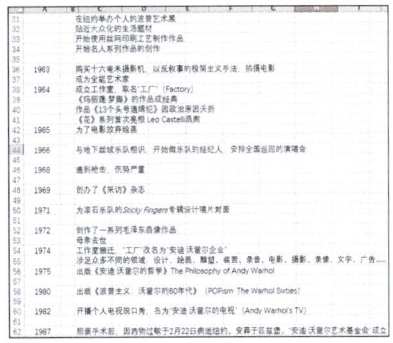

②拍卖价格

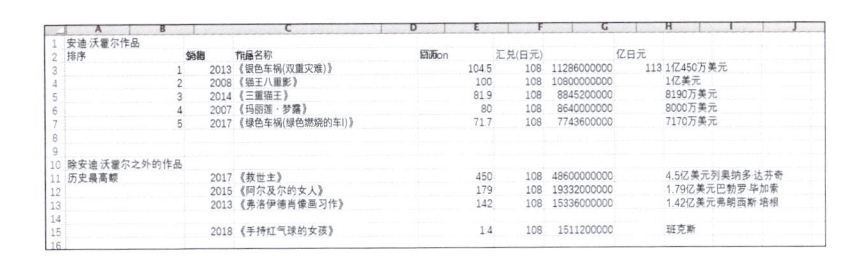

③交友关系

	A	B
1	画家	萨尔瓦多·达利
2		巴斯·奎特
3		凯斯·哈林
4	音乐人	卢·里德
5		米克·贾格尔
6		鲍勃·迪伦
7		德博拉·哈里
8		约翰·列侬
9	女演员·模特	伊迪·塞奇维克
10		比安卡·贾格尔
11		尼可
12		李·拉奇维尔
13	诗人·小说家	艾伦·金斯伯格
14		杜鲁门·卡波特
15		
16		

④名言

	A	B	C
1	我只是把自己最了解的东西通过绘画的形式表达出来。		
2	我喜欢正方形构图。如果是竖向或横向构图，就必须——决定竖边和横边的长度，正方形构图就不需要考虑这些。		
3	我不关心报道上写的内容，我在意的是，报道我的篇幅大小是多少。		
4	在未来，每个人都会当15分钟的名人。		
5	在未来，每个人都能在15分钟内出名。		
6	艺术家不是HERO而是ZERO。		
7			
8			

⑤排列关键词

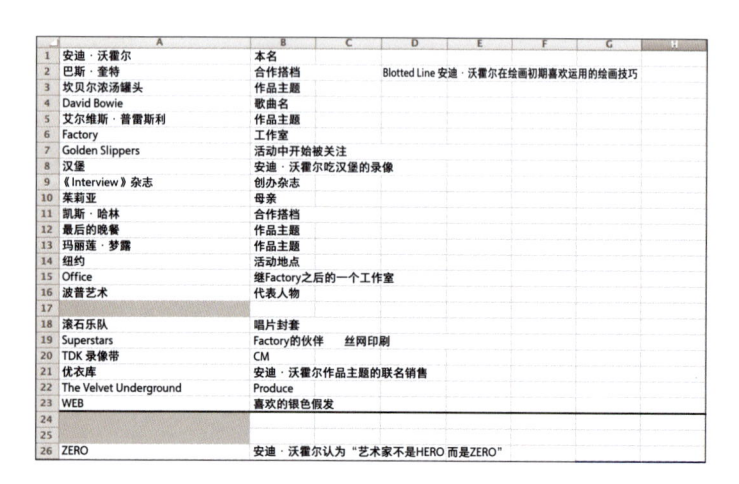

	A	B	C	D	E	F	G	H
1	安迪·沃霍尔	本名						
2	巴斯·奎特	合作搭档		Blotted Line 安迪·沃霍尔在绘画初期喜欢运用的绘画技巧				
3	坎贝尔浓汤罐头	作品主题						
4	David Bowie	歌曲名						
5	艾尔维斯·普雷斯利	作品主题						
6	Factory	工作室						
7	Golden Slippers	活动中开始被关注						
8	汉堡	安迪·沃霍尔吃汉堡的录像						
9	《Interview》杂志	创办杂志						
10	莱莉亚	母亲						
11	凯斯·哈林	合作搭档						
12	最后的晚餐	作品主题						
13	玛丽莲·梦露	作品主题						
14	纽约	活动地点						
15	Office	继Factory之后的一个工作室						
16	波普艺术	代表人物						
17								
18	滚石乐队	唱片封套						
19	Superstars	Factory的伙伴　　丝网印刷						
20	TDK 录像带	CM						
21	优衣库	安迪·沃霍尔作品主题的联名销售						
22	The Velvet Underground	Produce						
23	WEB	喜欢的银色假发						
24								
25								
26	ZERO	安迪·沃霍尔认为"艺术家不是HERO 而是ZERO"。						

步骤3　精简内容

像这个例子一样,在以各种各样的切入点描绘主题的情况下,我会思考在众多信息中我最想对人讲述的故事是什么。在收集资料的过程中,我想起了当看到下面这段安迪·沃霍尔所说的话时,那种想要传达给他人的感觉。

"我喜欢正方形构图。如果是竖向或横向构图,就必须一一决定竖边和横边的长度,正方形构图就不需要考虑这些。"

我之所以对沃霍尔的这段话有感触,就是因为我刚好假设要将作品发布在照片墙上而将视觉笔记设定成了正方形。沃霍尔不仅创作出了正方形的作品,而且就像在《玛丽莲·梦露》系列作品中那样,他将既有的照片修剪和加工成为自己的作品,那也让人感觉像是照片墙的滤镜。

因此,我考虑使用"预见了社交网络时代的人"这个切入点对安迪·沃霍尔进行总结。在确定视觉笔记的标题和企划的时候,要将自己当成杂志的主编。如果你准备制作一期杂志,最好是从什么样的内容出发。我们将项目的题目定为"社交网络时代的先行者 安迪·沃霍尔的先见性",然后筛选罗列出需要放置在视觉笔记上的信息。

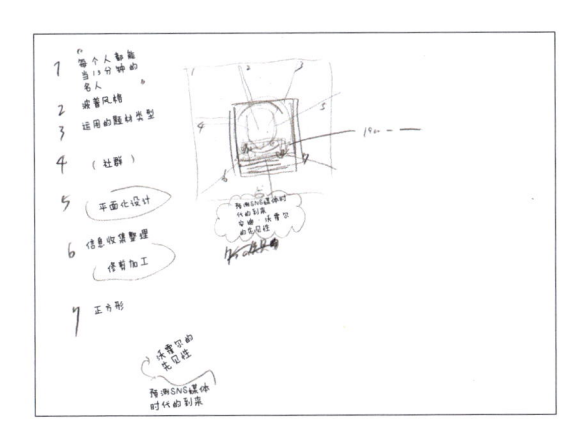

步骤4　选择画布

设想信息将发布在照片墙和推特上，选择了正方形的画布。

步骤5　绘制草稿

根据内容，从基础的版式中选择一种来绘制视觉笔记。在这个例子中，我们一共有6—7个主题，因此我们将它设计成一个看起来可以平衡地安排内容的放射型版式。

首先，在画面中央画上标题和主视觉图，然后从这里开始放射型地绘制话题。让对白框位于画面的左上角和右下角，保持视觉平衡。此外，尽量让相关性较高的话题靠得更近。起初我想的是7个话题，但是从空间的分配和内容的重复性上考虑，我将话题减少到了6个，并完成了大致草稿。

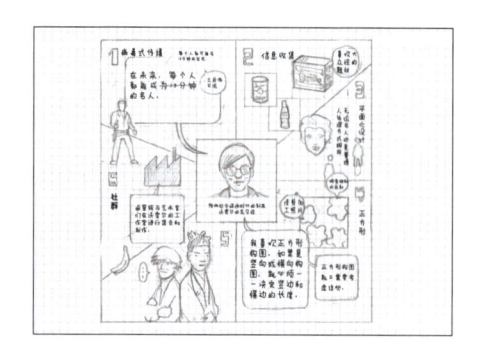

步骤6　誊写草稿

以草稿上的方格为参考，使用手机或平板电脑拍摄照片。将照片导入应用程序，并使用电子笔在上面描绘。像这样放射型的版式，从中央开始绘制，会更容易取得画面的平衡。

再根据内容展开，从左上角开始按照顺时针的顺序进行誊写。

在页脚上绘制签名和来源。

配色上以粉色为主色调,使用黑色和白色制造鲜明的对比。另一种颜色黄色则可以用于坎贝尔汤罐头的标记、玛丽莲·梦露的头发,还有香蕉上。

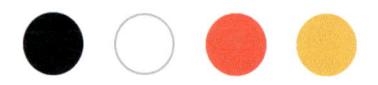

为了使中央的部分更加醒目,调整其大小和边框的粗细,并调整整体画面的平衡。

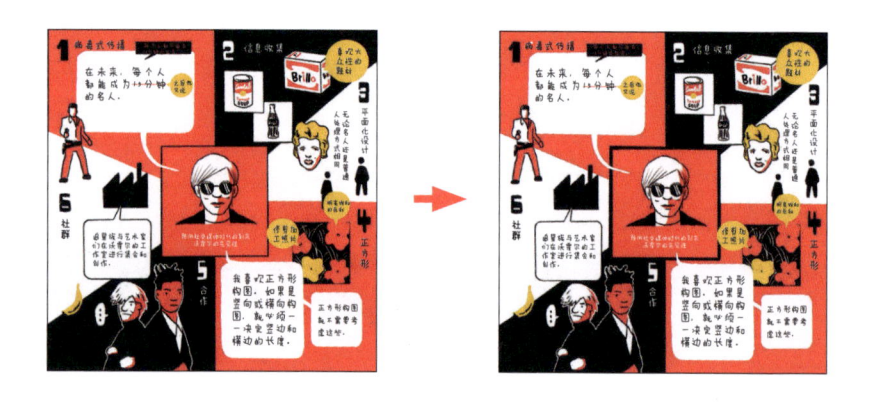

对画面进行调整时,假定使用手机来浏览图片,检查是否有难以阅读的地方,对色彩的印象和最想要别人注意的地方是否能映入眼帘,然后这个视觉笔记就完成了。

实例
杰克·多西的履历

步骤1　选择题材

推特和Square公司的首席执行官杰克·多西曾被称为下一个史蒂夫·乔布斯。我很好奇让推特自创立以来首次实现了盈利的他是怎么迈出第一步的，所以我想对他做一个视觉笔记总结。

步骤2　收集信息

和安迪·沃霍尔不同，以现在仍在活跃的人为题材的情况下，我会以网络报道为中心收集信息。因为《孵化推特》一书详细介绍了他在2005—2013年的事迹，所以我在阅读时按照时间顺序整理了这些主题。

在整理电子表格的同时，为了加强印象，我还在笔记本上手绘了一些主题。因为不是在正式绘制视觉笔记，版式方面是自由排布的。

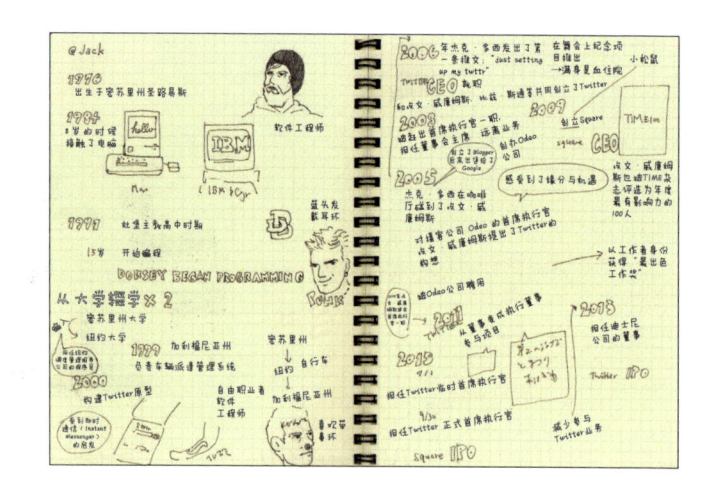

步骤3 精简内容

因为我一直都对杰克·多西的历史很感兴趣，所以我想以时间轴型的版式对他进行总结，然后选择并摘录一些不可错过的故事。

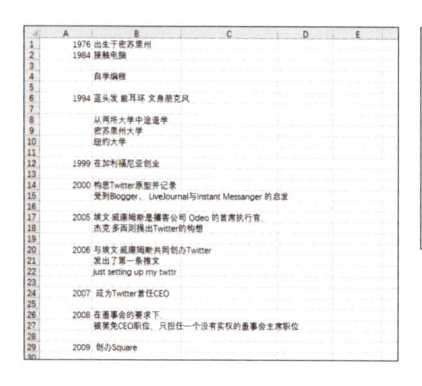

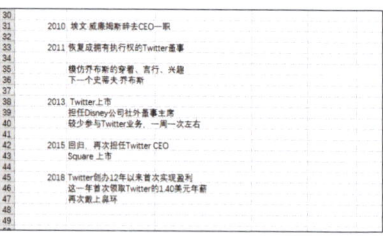

步骤4　选择画布

和绘制沃霍尔的视觉笔记时一样，设想会将信息发布在照片墙和推特上，选择了正方形的画布。

步骤5　绘制草稿

为了大致确定版式，我在复印纸上粗略地绘制了草图。

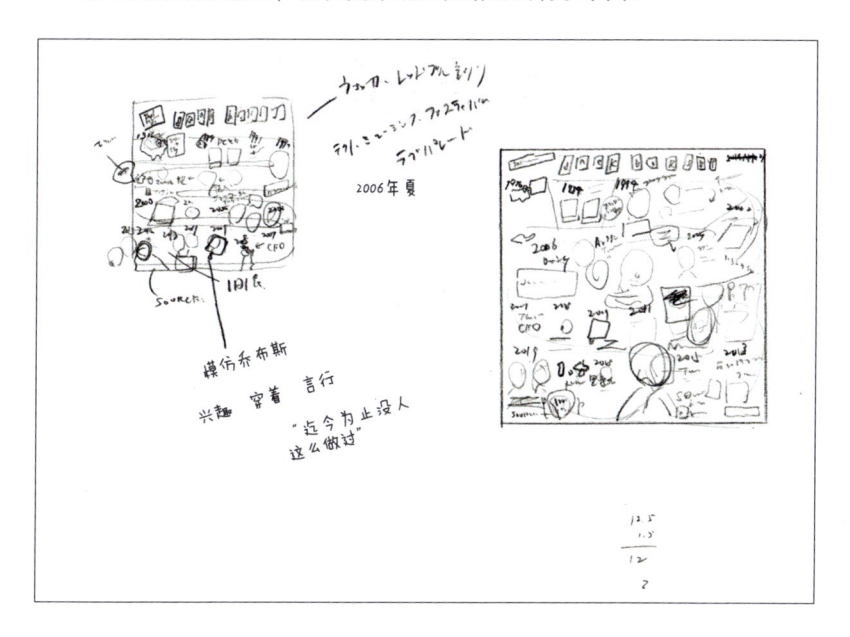

接下来，我开始绘制正式的视觉笔记的草图。但是我在第一部分的内容分配上犯了一个错误，后半部分（2010—2013年）的信息就放不下了。

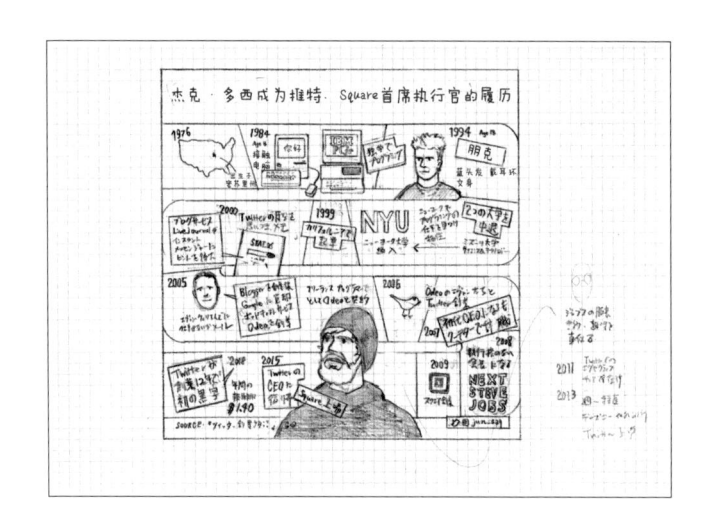

所以，这次先从后半部分开始画，调整了内容的平衡。我决定将标题制作成剪贴上去的文字的感觉，因为杰克·多西喜欢朋克风格。

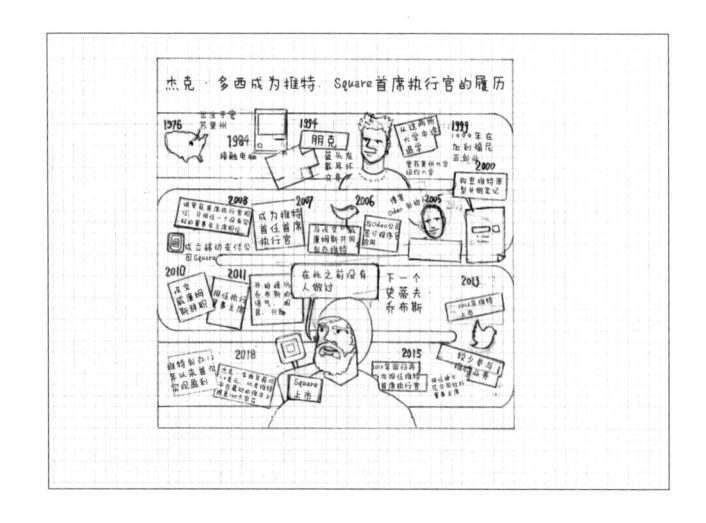

步骤6　誊写草稿

将草稿导入到平板电脑中,并从标题周围开始描绘。

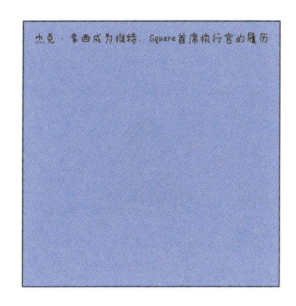

对于时间轴型的版式,如果从一开始就绘制出时间轴的路线,在完成图像时就会更容易把握。

接下来绘制一幅能够平衡整体构图的插图。

然后绘制年份以查看时间轴的平衡。

从时间轴的起点开始按照顺序绘制主题。

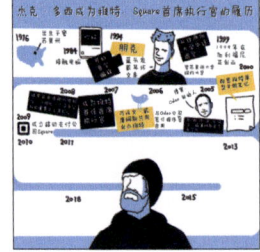

颜色方面，我选择了与推特形象色彩相近的浅蓝色作为主要颜色，并选择了与浅蓝相配的黄色作为强调重点的颜色。

在页脚上加上签名和来源，关于杰克·多西的视觉笔记就完成了。

实例　电影《社交网络》

步骤1　选择题材

从我第一次看到电影《社交网络》开始，就一直很喜欢它，它是我最喜欢的电影导演大卫·芬奇和我最喜欢的编剧阿伦·索金合作的作品，所以我想以这部电影为题材绘制一个视觉笔记。

步骤2　收集信息

我之所以会决定以这部电影为主题，是因为在读一本名为《电影剧本写作基础》的书后，对剧本的构成产生了兴趣。对于悉德·菲尔德的《电影剧本写作基础》，我主要是作为给自己用的视觉笔记进行绘制的。

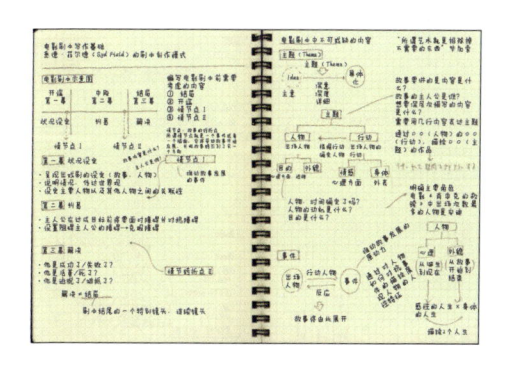

我从中学到了剧本是由三幕构成的，而且会有一个被称为"节点"的可以改变故事发展趋势的转折点，我很好奇我所喜欢的作品的构造是怎样的。所以当我再一次观看电影时，我想到了要把台词记录下来。我在我的笔记本上记录了这些台词，长达28页。

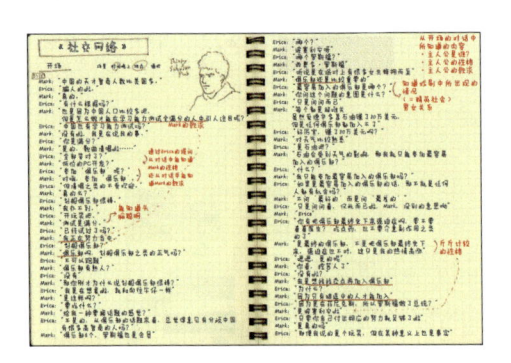

步骤3　精简内容

随着对电影的记录，我加深了对作品的了解。起初我想把分析电影的结构作为视觉笔记的内容，但我立刻又想到了这部作品中有一些我所喜欢的台词，因此我决定尝试着使用视觉笔记对我所喜欢的台词进行总结。我从所有台词中选择了这些。

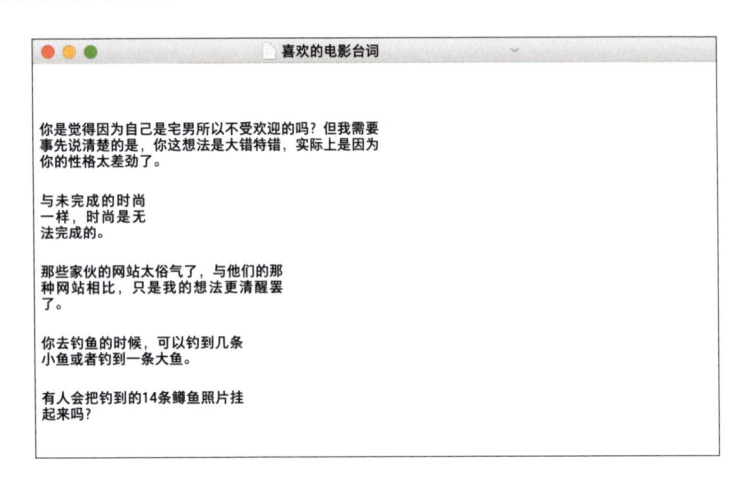

步骤4　选择画布

在这里，我们也假设将会在照片墙或推特上发布视觉笔记，选择了正方形的画布。

步骤5　绘制草稿

以漫画格子的形式完成了块型的版式。这个时候，因为如果是5个区域，画面就不平衡了，所以我将它们减少了1个，变成了4个。

这样的话标题就会被影响到，所以我贴上了贴纸，确认标题周围的区域被贴纸加宽了。使用方格纸绘制的话，调整尺寸和对齐都会很容易。

步骤6　誊写草稿

从包含标题的左上角的区域开始绘制。

因为信息的种类有限,所以不制作强调重点的颜色,只使用黑白和主要颜色来完成。主要颜色是蓝色,因为这是一部关于脸书的电影。

分享视觉笔记

视觉笔记完成后,试着附上一句话,在照片墙和推特上分享一下。

如果你把作为例子的这3个作品放在一起，或者将你在不同的时间创作的其他作品放在一起，就会看到一个潜在的主题。

安迪·沃霍尔、推特、电影、奈飞、IPO企业……我想在视觉笔记中描绘的都是文化和科技方面的东西。主题的连贯性、风格的连贯性、发言的连贯性都塑造了我的形象。

如果你搜索"涂鸦笔记"标签，你会发现有很多人都在埋头于视觉笔记。如果你受到了其他人所画的作品的启发，请尝试着绘制自己的视觉笔记。本书的内容也可以通过视觉笔记来分享，比如将各部分的总结、自己被启发到的地方、思考和想法绘制在视觉笔记上，请一定要在社交网站上分享哦。

总结

提高视觉笔记水平的诀窍

之前

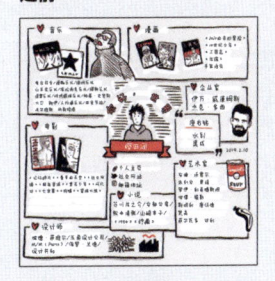

之后

要点① 颜色

明确的主色+单色（+必要时的另一种颜色）。

要点② 构图

有张有弛的动态布局，固定的版式选择。

要点③ 风格

通过使用不同型号的笔绘制插图和文字，要有意识地塑造自己独特的风格。

专栏

一 　你想和什么样的人进行合作？

沟通的差距

虽说现在是"个人时代"，但这并不意味着你可以独自一个人生活下去。以公司和家庭为单位的关系越稀疏，交流就越分散，比以往的任何时候都更需要个人的协作。

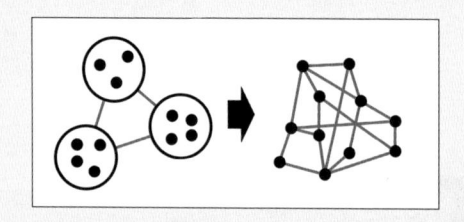

这样一来，个人之间可以不断合作的人和不合作的人之间就会产生差距。

总是和某人保持密切的联系，会让人感到疲惫。最理想的状态是彼此间拥有宽泛的联系，并且能在有需要的时候拉近距离进行合作。

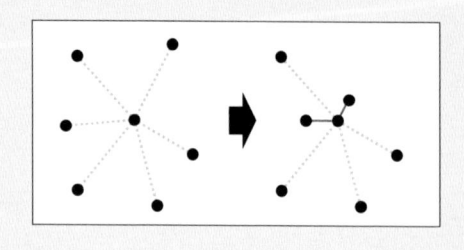

这样的状态，即使强迫自己参加闲聊或饮酒聚会，似乎也无法达到。那么，怎样才能创造出一种易于合作的状态呢？

一种创造易于合作的状态的方法

这就是《这就是OKR》中的一句话:

"人们无法和看不见的东西产生联系。"

相互了解目标的人,因为可以理解彼此的目标和注重的地方,就会很容易建立合作的关系。我认为这不仅仅限于公司内部,而且是可以公开的事情。如果我们是可见的,就会更容易联系到一起。

要成为可见的存在

在不是面对公司的同事或上司的情况下,要把目标展露给世人可能会很难。

所以我认为我们可以从视觉笔记开始,不管是"偏爱地图""美食报告"还是"电影评论"都可以,我们可以从中看到人们对什么感兴趣,他们都有着怎样的思维方式。

如果你想和他人进行合作,就要公开自己的看法、思想、知识和实际成果。

这是确保能对外发出声音的一种可靠方法。我现在成为一名信息图形编辑,出版我的第一本书《有趣的信息图形入门》。之前就是在社交网站上发布了作品,看到它的朋友为我介绍了一份工作,我在那里认识的一位编辑又给我介绍了一家出版社……事情就这样进行着。

我觉得自己很幸运,但是我想如果我没有开放自我的空间,也不会得到这样的机会。现在我仍然会在社交网站上发表"我想做什么""我尝试着做了什么"的推文。

后记

视觉笔记是宽容的表现

如果大家手头有什么画过的东西，纠结于是否能将其称为"视觉笔记"，那是没有什么意义的。"现在做的这个是'信息图形'吗？""现在画的这个是'图形记录'吗？"只要开始动手，就会面临着这样的不安（不安是在行动着的证据！）。

那还是我为了在智能手机上也能轻松地看到信息图形而尝试着对它进行优化的时候。与纸张和电脑屏幕不同，智能手机的屏幕很小，所以想要载入和它们相同的信息量就必须采用和以往不同的布局。我们决定减少每一个画面上的信息量，让图像像画卷一样垂直滚动。这和条漫的出现是同样的道理。

几年过后，这种表达方式已经固定下来了，所以没什么好说的。当我在2014年下半年首次发布面向智能手机的信息图形的时候，我听到很多人都在说"这不是信息图形"。我们中的大多数人都认为一幅信息图形的便览性应该是很高的，这也是难免的，毕竟这是在报纸、杂志和图鉴等载体上熟悉的表达方式。在信息图形最初进入在线领域的几年里，浏览环境主要是具有大屏幕的台式计算机，因此不需要对版式进行大规模的修改。

向着智能手机方面的过渡是非常快速和激烈的，信息图形也需要进行进化。表达方式和其使用方式都会随着时代而变化，语言也是如此。但是，这种进化是否能顺利地被接受是另一回事。当我刚刚开始制作面向智能手机的信息图形时，我想，"我该怎么称呼它呢？""会不会又被人说什么呢？"，心情也变得很不平静。这时，我想起了色拉布（Snapchat）的创始人埃文·斯皮格尔在采访中回答过的话：

"不管你做什么，都一定会有人责难；不管你做什么，都一定会有人说你做得还不够。所以要找到对自己而言重要的事，找到自己喜欢的人。"

视觉笔记也处在这种进化之中。但是，和信息图形及图形记录相比，它面临的情况要宽松很多，因为它本来就不像信息图形和图形记录那样是已经完善和有着明确定义的东西。

"信息图形"和"图形记录"是对成果寄予厚望的称呼——"将信息进行图形化""用图形记录进行讨论"。相比之下，视觉笔记的概念就较为模糊，从另一种角度上看，它和速写本、手账本、笔记本等也没有太大的区别。

无论是速写本还是笔记本，你都可以自由地选择在上面绘制什么，将其用来做什么。但"视觉笔记"是一个概念，而不是类似速写本的对象，它的用途是模糊的、宽容的。因此，在意"现在所画的东西是不是视觉笔记"并没有什么意义。

因为比起"信息图形"或"图形记录"，这是更加私人的东西，所以你可以自己决定怎么去称呼它。在10个人那里它会有10种不同的解释。我在本书中所写的也是我所理解的"视觉笔记"。以历史来举例的话，就像是一种史观，像司马辽太郎所写的明治维新、横山光辉所绘制的三国志那样。以艺术为例的话，就像是梵高画的向日葵、沃霍尔画的花和毕加索画的花共存一样。

倒不如说，这种包容了各种多样性的包容性的体现，就是"视觉笔记"与"图形记录"和"信息图形"决定性的不同点，也是我感到有趣的地方。请大家按照自己的理解，试着画出适合自己的"视觉笔记"吧。我认为这是一个允许人们通过不同的表达方式获得力量的时代。

用视觉的力量将世界变圆

从我写第一本书《有趣的信息图形入门》开始，我的愿望就是"用视觉的力量让世界变圆"了。但是要如何让世界变圆，当时我的想法和现在是不同的。

那个时候，我的目标是让这个焦灼的、扭曲的世界变成一个平滑的圆圈。现在想来，试图将各种各样的东西融入一个价值观中，那真是一种傲慢的想法。

与之相对，现在我的目标已经不是把各种各样的事物都归纳到一个圆内了，而是致力于制作出许多的圆，通过将它们重叠在一起，来让世界看起来更圆。

过去的几年里，我通过在社区中与具有不同价值观和背景的人进行对话，接受各种各样的思考方式，开始产生这样的想法。特别是"视觉思维实验室（又名樱田实验室）"的成员每天都会有新的观点。我开始用平板电脑绘制视觉笔记事实上也是受到社区成员的影响。

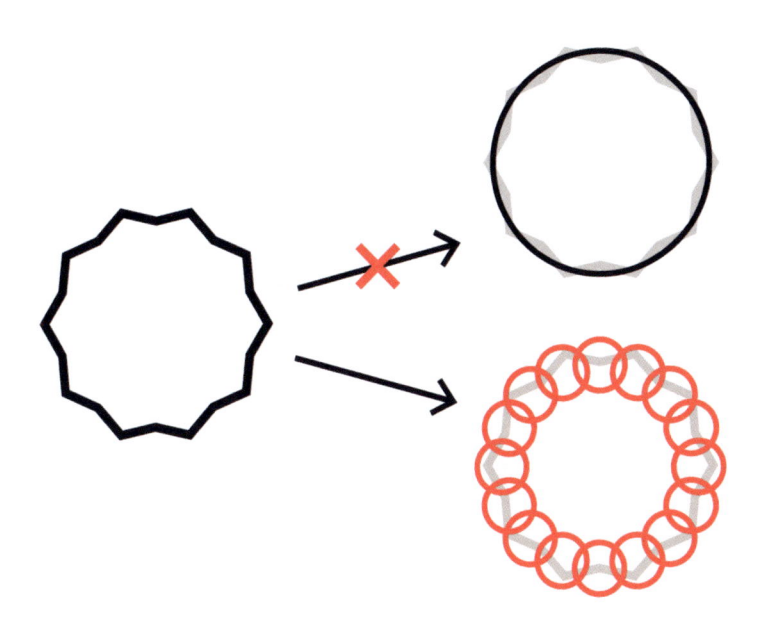

"世界在大趋势上正在变好。"

当我知道比尔·盖茨这样说的时候,我意识到只有脚踏实地的理想家才能让世界变得更好。我希望我们可以通过社区和这本书进行同样的事情。

自从我在2010年启用网站Visual Thinking并开始制作信息图形和图形记录，已经过去快10年了。大概在同一时间，照片墙和品趣志图片社交分享网站也诞生了，正如这两项服务的成长所显示的那样，这是一个视觉效果在网络世界中的地位大幅度提升的10年。再加上视频表达也因为引入5G而达到了高峰，使用视觉效果进行信息传达的潮流今后也会持续下去吧。

智能手机的普及和发展是在过去10年里支持这些变化的重要因素。身边就是照相机，人们开始使用它以视觉的形式传达信息。工具和技术的发展让交流方式也在不知不觉间发生了变化，视觉笔记也不例外。随着平板电脑和触控笔的使用方便程度越来越高，像"手绘"这样原本以纸面为主的东西，现在也变成了任何人都可以通过数字的方式进行绘制。将来，随着机器学习的进一步发展，技术自动绘图、整理文字和汇总信息都会变得理所当然，我们不得不承认，面对"'人性'究竟是什么"这样问题的情况会增加。

虽然说是"人性"，但也有各种各样的人存在，所以如果提高分辨率，就可以变成"个性"。这不是可以勉强找到的，而是自然而然地从内心酝酿出来的一种伫立于世的姿态。你不能通过表面上的行为，酝酿自己的内在，而是要停下脚步、面对自我、审视事物。视觉笔记的最佳作用应该就是在这个性急的超级信息社会中，为我们带来缓下来内省的机会。

在写这本书的时候，我小心翼翼地避免将视觉笔记当作一种表面上的工具使用。此外，我也不想只谈论没有实践过的理念，所以将写出一本把理论和实践结合在一起的书作为目标。

为此，不仅要和自己进行对话，和他人进行对话也很重要。伴随着我走过这一年多的编辑村田纯一先生以及我们于2018年3月成立的社区"视觉思维实验室"，通过与大家进行对话和研讨所获得的灵感，我找到了这本书的形态。非常感谢你们。

此外，每次写书的时候，我都会在房间里待上一年不想出门，也要感谢一直默默照顾着我的家人。

2019年10月

樱田 润

特别鸣谢

视觉思维实验室成员

秋田匡则

饭出麻衣子

伊藤水希

岩崎大辅

大野雅世

冈田悟

片桥勇人

梶村良一

上园海

龟井美佳

岸本晃辅

木村步美

实松美有

角田尧史

守随佑果

辰巳纯子

宅间纪子

田中圭子

都筑直美

户田有纪

浜龙之介

三嶋春菜

安田诚

矢代达也

山本展子

汤朝花梨

行武亚沙美

渡边健太郎

J.K

其他

视觉思维实验室运营成员

柴田由香

池田实加

石川辽

堀基晴

深井泰地

柴田佐世子

视觉思维实验室

信息图形、图解、图形记录、
视觉笔记爱好者们聚集的社区

VISUAL THINKING LABS

图书在版编目（CIP）数据

轻松有趣的视觉笔记术／（日）樱田润著；未蓝文化译．— 北京：中国青年出版社，2024.2
ISBN 978-7-5153-7075-0

I.①轻… II.①樱… ②未… III.①记忆术 IV.①B842.3

中国国家版本馆CIP数据核字（2023）第211189号

版权登记号：01-2020-3720

たのしいスケッチノート　思考の視覚化のためのビジュアルノートテイキング入門
Copyright　©BNN. Inc. © Jun Sakurada
Originally published in Japan in 2019 by BNN. Inc.
Chinese (in simplified character only) translation rights arranged with BNN. Inc. through CREEK & RIVER Co., Ltd.

侵权举报电话

全国"扫黄打非"工作小组办公室	中国青年出版社
010-65212870	010-59231565
http://www.shdf.gov.cn	E-mail: editor@cypmedia.com

轻松有趣的视觉笔记术

著　　者：[日]樱田 润（Jun Sakurada）
译　　者：未蓝文化

出版发行：	中国青年出版社	印　刷：	北京永诚印刷有限公司
地　　址：	北京市东城区东四十二条21号	开　本：	880mm x 1230mm　1/32
网　　址：	www.cyp.com.cn	印　张：	4.5
电　　话：	010-59231565	字　数：	137千字
传　　真：	010-59231381	版　次：	2024年2月北京第1版
编辑制作：	北京中青雄狮数码传媒科技有限公司	印　次：	2024年2月第1次印刷
策划编辑：	张鹏　田影	书　号：	ISBN 978-7-5153-7075-0
责任编辑：	张佳莹	定　价：	69.80元
封面设计：	乌兰		

本书如有印装质量等问题，请与本社联系
电话：010-59231565
读者来信：reader@cypmedia.com
投稿邮箱：author@cypmedia.com
如有其他问题请访问我们的网站：http://www.cypmedia.com